Viviane Theby & Michaela Hares

Das große Schnüffelbuch

Nasenspiele für Hunde 

Kynos Verlag

Konrad-Zuse-Straße 3 • D-54552 Nerdlen/Daun
Telefon: +49 (0) 6592 957389-0
Telefax: +49 (0) 6592 957389-20
www.kynos-verlag.de

Alle Fotos: Viviane Theby außer Titelbild iStockphoto/olaser; S. 178 Michaela Hares
Alle Zeichnungen: Angelika Schmohl, a.schmohl@web.de

7. Auflage 2024

ISBN 978-3-942335-01-0

Inhaltsverzeichnis

Vorwort

Die meisten unserer Hunde wollen arbeiten. Dafür wurden sie seit vielen, vielen Jahren gezüchtet. Und den meisten Menschen macht es Spaß, mit ihrem Hund zu arbeiten. Oftmals fehlen jedoch einfach die Ideen. Oder es fehlt die Zeit, auf einen Hundeplatz zu fahren, der vielleicht noch etwas weiter weg liegt, um dort zu trainieren. Aber das muss ja auch gar nicht sein. Es gibt viele schöne Sachen, die man mit dem Hund zu Hause trainieren kann. Außerdem ist das ja auch viel wichtiger, als einmal in der Woche auf den Übungsplatz zu gehen.

Oftmals laden wir beim Training oder bei Spielchen die Hunde in unsere Welt ein. Sie lernen Tricks, eine perfekte Unterordnung oder das Springen über Hindernisse, was sie von sich aus gar nicht so machen würden. Dennoch kann es ihnen natürlich sehr viel Spaß machen, vorausgesetzt, die Trainingsmethoden sind hundefreundlich.

Mit diesem Buch möchten wir Sie anregen, sich mal in die Welt der Hunde verführen zu lassen. Versuchen Sie doch einmal, sich die Welt über Ihre Nase vorzustellen! Denn das, was für uns Menschen die Augen sind, ist für die Hunde die Nase. Wir können uns das nie so richtig vorstellen. Es ist wirklich faszinierend, zu welchen Leistungen die Hunde mit ihrer Nase fähig sind!

Besonders die Leistungen der Rettungshunde sind beeindruckend: Die Hunde können in Windeseile ein Gebäude durchsuchen und darin befindliche Menschen anzeigen. Sie können große Geländestücke nach Vermissten absuchen.

Besonders erstaunlich ist: Eine Kollegin aus einer anderen Ortungsgruppe erzählte von einem Einsatz in der Wassersuche. Dabei fährt der Hund mit in einem Boot über das Wasser und sucht nach menschlichen Gerüchen. Ein Taucher war vermisst. Der Hund zeigte an einer Stelle an. Unter Einbeziehung der Strömung wird dann ermittelt, wo der Mensch sich befinden kann. Taucher gingen runter, fanden aber nichts. Der Hund wurde ein zweites Mal zur Suche angesetzt und zeigte wieder an derselben Stelle an. Die Hundeführerin, die ihren Hund sehr gut kannte, war sich sicher, dass da etwas sein musste. Es wurde eine Spezial-Taucherstaffel angefordert. Die fanden schließlich den Ertrunkenen. Er befand sich zwanzig Meter unter der Wasseroberfläche und war überwiegend mit Schlamm bedeckt! Obwohl wir aus der Arbeit mit den Rettungshunden schon viel über deren Geruchssinn gelernt hatten, war das doch unvorstellbar für uns. Wie kann ein Hund das riechen?

Eine nächste anfangs unvorstellbare Sache war, was vor 20 Jahren von einem französischen Hundeführer der Feuerwehr berichtet wurde. Er erzählte von Hunden, denen man einen Gegenstand einer vermissten Person unter die Nase hält und die diese Person dann suchen und sie finden, auch wenn sie mitten durch die Stadt gegangen ist, zum Beispiel über einen Marktplatz voller Menschen, über befahrene Straßen oder was auch immer. Das war damals fast nicht zu glauben, bis wir mal einen solchen Hund bei der Arbeit gesehen und inzwischen auch etliche ausgebildet haben. Das ist wirklich unvorstellbar!

Wie maßlos wir doch die Hunde zum Beispiel in der Fährtenarbeit unterschätzen!

In den folgenden Kapiteln möchten wir Sie also einladen, von Ihrem Hund zu lernen. Denn in Sachen Nase ist er uns bei weitem überlegen.

Außer, dass das Ihnen und Ihrem Hund eine Menge Spaß machen kann, hat es durchaus auch praktischen Nutzen. Stellen Sie sich vor, Sie haben bei einer Gartenparty Ihren Hochzeitsring im Gras verloren und Ihr Hund kann ihn wiederfinden!

Oder stellen Sie sich vor, Sie sind allergisch gegen Nüsse und Ihr Hund kann Ihnen sagen, ob in einer Mahlzeit Nüsse drin sind oder nicht. Sie glauben, das geht nicht? Und ob!

Lassen wir uns also vom Hund in seine Nasenwelt einführen. Wir können mit Sicherheit eine Menge von ihm lernen. Wir werden zwar nie in der Lage sein, es ihm nachzutun; aber wir werden ihn und seine Leistungen schätzen lernen, was einer guten Partnerschaft zwischen Mensch und Hund immer förderlich ist.

Die folgenden Übungen kann jeder Hund durchführen, es sei denn, er hat keinen Geruchssinn mehr. Es kommt also nicht auf Rasse oder Alter an. Jeder Hund ist uns in Sachen Riechen um ein Vielfaches überlegen.

Viviane Theby
Michaela Hares

Versteckspiele für den Anfang

Der Hund sucht ein Motivationsmittel

Im Vorwort haben wir schon einmal angedeutet, zu was Hunde mit ihrer Nase alles fähig sind. In dieser Hinsicht brauchen und können wir sie gar nicht ausbilden. Was wir ihnen jedoch beibringen müssen, ist eine Verständigung darüber, was sie gerade riechen. Wir müssen in der Lage sein, dem Hund zu sagen, was er für uns erschnüffeln soll und wir müssen erkennen können, wenn er auf einer »heißen« Spur ist bzw. wenn er etwas gefunden hat. Das meiste muss also – wie so oft in der Hundeausbildung – wieder der Mensch lernen.

Das Suchen des Motivationsmittels ist die Grundübung für alle Suchspiele. Alle Spielideen kann man ausgehend von einer Grundübung aufbauen. Damit lernt der Hund im Prinzip das Konzept »Suchen«. Schließlich müssen wir ihm ja auf irgendeine Art und Weise vermitteln, was er tun soll.

Zunächst ist es wichtig, etwas zu finden, das der Hund wirklich gerne mag. Da muss man – je nach Hund – unter Umständen etwas einfallsreich sein.

Eine Auswahl an Motivationsmitteln sind zum Beispiel Spielzeuge, Futter, von normalen Leckerchen über Leberwurst, Käse, getrocknete Lunge oder Pansen bis hin zu Fischfilets, oder auch mit Futter gefüllte Spielzeuge. Wenn das alles für den Hund noch nicht sehr motivierend ist, dann könnte man noch an ein Kaninchenfell denken, aber auch an Schafsköttel, an ein Taschentuch mit dem Duft einer läufigen Hündin oder was auch immer.

Für diese Grundübung in Sachen Nasenspiele sollten Sie wirklich das Nonplusultra für den Hund finden. Nur wenn er nämlich wirklich motiviert ist, zu finden, haben wir eine Chance, ihm die Aufgabe zu erklären. Außerdem unterstützen wir damit, dass er später auch wirklich mit Eifer suchen wird.

Das Suchen des Motivationsmittels ist nur der Einstieg. Später wird der Hund uns irgendetwas anderes suchen. Aber das lernt er erst Schritt für Schritt.

Beim richtigen Motivationsmittel muss man unter Umständen etwas einfallsreich sein.

Schritt 1

Halten Sie Ihren Hund fest oder lassen Sie ihn halten und legen oder werfen sein Motivationsmittel etwa zwei bis drei Meter weit vom Hund weg, so dass er es sehen kann.

Mit dem Kommando »Such« lassen Sie ihn laufen. Er sollte sofort zu dem Motivationsmittel laufen, sonst war es vielleicht doch noch nicht spannend genug. Anstelle von »Such« können Sie natürlich auch alle möglichen anderen Worte verwenden. Wichtig ist nur, dass Sie das einmal ausgewählte auch beibehalten.

Vielleicht fragen Sie jetzt: Warum soll ich »Such« sagen? Der Hund muss ja gar nicht suchen, sondern kann direkt hinlaufen. Wir sind hier aber erst bei Schritt eins einer Reihe von Schritten, die dem Hund am Ende deutlich machen, dass er suchen soll. Also haben Sie Geduld, wir kommen schon zum Ziel. Wiederholen Sie diesen Schritt mindestens zehnmal.

Schritt 2

Das Motivationsmittel wird leicht versteckt, aber noch so, dass der Hund zusehen kann. Dieser wird dann mit dem gewählten Kommando losgelassen und überschwänglich belohnt, wenn er findet. Auch diesen Schritt sollten Sie mindestens ein halbes Dutzend Mal wiederholen.

Schritt 3

Täuschen Sie jetzt mehrere Verstecke an. Der Hund sieht immer noch zu. Achten Sie dabei darauf, dass er wirklich nicht sieht, in welches der drei bis vier Verstecke Sie das Motivationsmittel nun deponieren. Das ist oft gar nicht so einfach. Hunde sind gute Beobachter. Jetzt muss er also zum ersten Mal wirklich die Verstecke absuchen, wenn er seine Belohnung finden will. Denken Sie dann natürlich daran, dem Hund auch deutlich zu zeigen, wie toll Sie ihn finden, wenn er gefunden hat.

Schritt 4

Haben Sie Schritt 3 einige Male wiederholt, ist es an der Zeit, das Motivationsmittel wirklich zu verstecken, das heißt, der Hund sieht nicht mehr länger zu. Sie sollten diesen Schritt jedoch am gleichen Ort wie die vorhergehenden üben, also im gleichen Zimmer oder an der gleichen Stelle draußen im Gelände. Damit helfen Sie dem Hund, sich daran zu erinnern, was er machen soll. Sie können nämlich noch nicht von ihm erwarten, dass er das Kommando schon versteht.

Der Hund wird also in einen anderen Raum gebracht oder draußen im Gelände abgelenkt, damit er nicht sieht, wo das Versteck nun ist. Mit dem gleichen Ritual wie zuvor, das heißt mit dem gleichen Kommando und den gleichen Bewegungen, schicken Sie ihn los. Jetzt wird deutlich, ob er schon eine Idee von dem hat, was er machen soll. Macht er sich sofort auf die Suche, haben Sie es geschafft, ihm das Konzept »Suchen« beizubringen. Sie können ihm natürlich auch einige Sekunden Bedenkzeit lassen, damit er sich erinnern kann.

Schritt 5

In diesem Schritt geht es nun darum, den Ort zu wechseln. Schließlich soll das Kommando ja überall gelten. Üben Sie also an vielen unterschiedlichen Orten, das heißt in allen Zimmern im Haus, im Garten, im Wald, auf dem Parkplatz und so weiter. Nur so kann der Hund lernen, dass das Kommando auch überall gilt. Das darf man nicht voraussetzen, weil Hunde sehr kontextspezifisch lernen, das heißt etwas, das sie an einem Ort gelernt haben, können sie normalerweise noch lange nicht an einem anderen Ort auch.

Achten Sie darauf, dass der Hund wirklich nicht sieht, in welches der drei bis vier Verstecke Sie das Motivationsmittel nun deponieren.

Mögliche Schwierigkeiten:

Tauchen in Schritt 1 bis 3 Schwierigkeiten auf, bedeutet das, dass der Hund nicht gut genug motiviert ist. Sie sollten sich also da noch einmal Gedanken um das Motivationsmittel machen. Was ein Motivationsmittel ist, entscheidet letztendlich der Hund. Wir können dem Hund etwas aus unserer Sicht noch so Tolles vorsetzen – wenn er es nicht lohnend findet, dafür zu arbeiten, ist es nicht wirklich ein Motivationsmittel.

Wir arbeiten gerne (so als As im Ärmel, falls sich ein Hund auf einem Seminar mit herkömmlichen Mitteln nicht motivieren lässt) mit einer Tube, die mit den unterschiedlichsten Leckereien gefüllt werden kann. Leere, immer wieder neu befüllbare Tuben gibt es im Outdoor-Bedarf. Bei der Füllung sind der Fantasie kaum Grenzen gesetzt. Eine für die meisten Hunde unwiderstehliche Füllung besteht aus gekochtem Ei, Käse und Brot, das alles zusammen in einem Mixer zu einem feinen Brei püriert wird. Will man sich die Arbeit nicht machen, ist auch Babynahrung (zum Beispiel Putengericht) ganz gut geeignet. Im Vergleich zu einer reinen Wurst- oder Käsefüllung sind solche Leckereien nämlich nicht gewürzt, und der Hund kann bedenkenlos eine ganze Tube nuckeln. Inzwischen gibt es auch fertige Tuben mit Hundeleberwurst. Es sieht für uns so aus, als wäre auch das Nuckeln etwas ganz Faszinierendes für die Hunde. Sollten Sie Babynahrung verwenden, achten Sie darauf, dass sie keine Zwiebeln enthält, weil die für Hunde giftig sind.

In seltenen Fällen gibt es auch Hunde, die übermotiviert sind und vor lauter Motivation regelrecht blockiert sind, irgendetwas zu machen. Labradore fallen manchmal darunter. Hier hilft es unter Umständen, ein weniger gutes Motivationsmittel zu nehmen. Wenn auch das nicht hilft, lernen sie oft durch Zusehen. Auch wenn es jetzt albern klingt: Lassen Sie den Hund einige Male zusehen, wie Sie suchen oder einen anderen Hund suchen lassen. In diesem Fall wird dann durch Abgucken gelernt – auch eine Möglichkeit.

Achten Sie bei den ersten Übungsschritten auf ein einheitliches Ritual, das dem Hund hilft, sich darauf einzustellen, was auf ihn zukommt. Dazu könnte zum Beispiel gehören, dass Sie sich neben ihn knien, mit der linken Hand ins Halsband greifen, mit der rechten an seiner Nase vorbei eine Richtung angeben, ihm etwas Aufmunterndes ins Ohr flüstern und schließlich mit dem Wörtchen »Such« loslassen.

Haben Sie das alles gemacht und der Hund steht immer noch auf der Leitung, wenn er zuvor nicht beim Verstecken zusieht, können Sie Zwischenschritte einbauen. Lassen Sie ihn zusehen, wie Sie das Motivationsobjekt verstecken, lassen Sie ihn jedoch nicht sofort zum Suchen los. Stattdessen machen Sie erst einige Übungen mit ihm oder, wenn Sie draußen im Gelände üben, gehen Sie einige Schritte mit ihm spazieren. Dann gehen Sie zur ursprünglichen Stelle zurück, spulen Ihr Ritual ab und lassen den Hund los. Nun sollte er wissen, worum es geht. Lassen Sie die Pause zwischen Verstecken und Loslassen anfangs kurz und dehnen Sie sie langsam aus. Nach einigen Wiederholungen können Sie dann zu Schritt 4 übergehen.

Hat der Hund Schwierigkeiten mit Schritt 5, also dem Suchen an anderen Stellen, wiederholen Sie dort noch mal kurz die Schritte von 1 bis 4. Unter Umständen müssen Sie das an mehreren Stellen machen. Es wird aber jedes Mal etwas schneller gehen, bis der Hund versteht, was er machen soll. Bald kann er es dann auch an einem völlig fremden Ort.

Aus dieser Grundübung kann man viele weitere Übungen ableiten. Auf Seite 226 finden Sie eine Übersicht. Im Folgenden werden wir einige Übungen davon im Detail besprechen.

Der Hund schafft den Übergang von Schritt 3 nach Schritt 4 nicht. Solange er zusehen kann, sucht er ohne Probleme. Wenn er aber nicht zusehen kann, wie das Motivationsmittel versteckt wird, scheint er auf dem Schlauch zu stehen. Er weiß dann nicht, was er machen soll.

Oft ist nämlich das, was wir loben nennen, für den Hund eher unangenehm, wie zum Beispiel das Über-ihn-Beugen und auf den Kopf tätscheln. Sehen Sie sich also genau an, ob er das wirklich als Lob empfindet, was Sie ihm zukommen lassen.

Ein ganz wichtiger Faktor ist hier unsere Stimme. Lernen Sie, den Hund in den höchsten Tönen zu loben! Nehmen Sie das bitte wörtlich: Es kommt wirklich auf die hohen Töne an. Die allermeisten Hunde finden das toll und von

Loben Sie den Hund in jedem Fall überschwänglich, wenn er gefunden hat. Sie müssen ihm richtig zeigen, wie toll Sie ihn finden. Wenn der Hund vor Stolz einen Zentimeter gewachsen ist, haben Sie es richtig gemacht. Man sollte es dem Hund wirklich ansehen, wie zufrieden er mit sich ist.

den anderen können es wieder die allermeisten lernen. Sie müssen sich nur überwinden und eben mal so richtig rumquietschen!

Ein richtiges Loben fällt den meisten Menschen nämlich sehr schwer. Sinn und Zweck ist ja, dass der Hund versteht, dass er etwas super toll gemacht hat. Und das soll auch rüberkommen. Wenn Sie es schaffen, dass der Hund vor Stolz einen Zentimeter wächst, dann haben Sie es richtig gemacht.

Allgemeine Trainingsgrundlagen

Was wir Menschen für das Training unbedingt lernen müssen, ist, aufzuhören, wenn es am schönsten ist. Der Hund sollte also richtig mit Eifer bei der Sache sein und mehr wollen, wenn wir aufhören. Wenn der Hund schon signalisiert, dass er keine Lust mehr hat, haben wir zu viel gemacht. Üben Sie daher lieber öfter über den Tag verteilt nur wenige Minuten, als einmal viel zu lange. Das lässt sich dann auch besser in den Tagesablauf einbauen. Drei Minuten mal eben zwischendurch hat man nämlich meistens.

Faustregel Nr. 1:

- Immer aufhören, wenn es am schönsten ist!

Immer aufhören,
wenn es am schönsten ist.

Wir arbeiten immer von etwas Bekanntem hin zu etwas Unbekanntem in ganz kleinen Schritten. Das machen wir nicht etwa, weil die Hunde dumm sind, sondern, weil wir sonst keine Möglichkeit haben, ihnen zu sagen, was wir von ihnen wollen. Noch einmal: Sie verstehen unsere Sprache nicht! Es liegt an uns, einen Weg zu finden, sich mit ihnen zu verständigen. Deshalb diese kleinen Übungsschritte. Wenn der Hund dann dennoch nicht versteht, worum es uns geht, war auch dieser Schritt zu groß und es sollten noch einige Zwischenschritte eingebaut werden.

Zwei weitere Faustregeln sollten Sie sich merken:

Faustregel Nr. 2:

- Gestalten Sie die Übung immer so, dass der Hund Erfolg haben kann!

Faustregel Nr. 3:

- Wiederholen Sie eine erfolgreich ausgeführte Übung möglichst nie zweimal in der genau gleichen Weise!

Wir legen hier am Anfang etwas Wert auf diese Grundlagen in der Ausbildung, die übrigens für jede Ausbildung gelten, weil wir in diesem Buch nicht alle Eventualitäten erwähnen können. Aber wir möchten Ihnen eine Hilfe an die Hand geben, wie Sie damit fertig werden können.

Zur Erklärung von Faustregel Nr. 2:
Erfolg motiviert. Schon allein das ist ein wichtiger Grund, die Übung so aufzubauen, dass der Hund auch Erfolg haben kann. Damit steigern Sie mehr und mehr seine Bereitschaft, mit Ihnen zusammenzuarbeiten.

Außerdem ist dieser Erfolg für uns das Maß für die Verständigung. Genauso wenig, wie wir dem Hund sagen können, was wir von ihm wollen, kann er uns sagen, ob er die Aufgabe richtig verstanden hat. Wenn er eine Aufgabe aber erfolgreich löst, haben wir einen guten Hinweis darauf. Macht der Hund also einen Fehler, hat er die Aufgabe nicht richtig verstanden bzw. die Anforderungen waren zu hoch. Sie werden in der Ausbildung am schnellsten vorwärtskommen, wenn Sie die Fehler immer bei sich suchen! Denn diese

Fehler können Sie relativ einfach abstellen. Wir werden weiter unten eine kleine Übung dazu machen, damit das deutlicher wird.

Aber erst noch zur Erklärung von Faustregel Nr. 3, die besagt, dass man eine Übung nie zweimal in genau der gleichen Weise wiederholen soll, wenn der Hund sie verstanden hat.

Der Grund ist schlicht und einfach der, dass es langweilig ist. Stellen Sie sich ein Kind in der Schule vor. Vielleicht denken Sie auch an Ihre eigene Schulzeit. Der Lehrer erklärt Ihnen, dass das Herunterfallen eines Gegenstandes aus der Hand etwas mit der Schwerkraft zu tun hat. Würde er das jetzt jeden Tag wiederholen, würden Sie bald nicht mehr hinhören. Wird er es aber mit immer unterschiedlichen Beispielen deutlich machen – mal fällt ein Stein aus der Hand, mal eine Feder, dann dasselbe im luftleeren Raum – bleibt das durchaus spannend und es werden unter Umständen Aspekte deutlich, an die man sonst gar nicht gedacht hat.

So ähnlich geht es unseren Hunden natürlich auch.

Das ist zu viel verlangt.

Ständige Wiederholungen in der gleichen Weise sind langweilig. Die Hunde verlieren schnell das Interesse. Wenn Sie eine Übung immer leicht abwandeln, macht es aber auch für den Hund noch einiges deutlicher. Nehmen wir die einfache Übung »Sitz«. Ständiges eintöniges Wiederholen vergleichen wir gerne mit einer Strafarbeit in der Schule, wo fünfzigmal der gleiche Satz geschrieben werden soll »Ich soll keine Eselsohren ins Heft machen«. Wir denken, anhand dieses Beispieles kann jeder nachvollziehen, wie sich der Hund fühlt, wenn er immer dasselbe machen soll.

Natürlich braucht er aber auch die Wiederholungen, damit die richtige Verknüpfung im Kopf immer stärker wird.

Die Übung ständig etwas zu variieren bedeutet jetzt zum Beispiel, an unterschiedlichen Stellen zu üben, mit unterschiedlicher Ablenkung, mal stehen Sie auf einem Bein, mal strecken Sie einen Arm in die Luft, mal gucken Sie in den Himmel und so weiter.

Der Hund wird damit nicht gelangweilt und er lernt immer deutlicher, dass es nur das Wörtchen »Sitz« ist, auf das es ankommt. Die Übung darf aber auch nur so weit verändert werden, dass es noch dieselbe Übung ist. Haben Sie mit Ihrem Hund das »Sitz« nur geübt, wenn er vor Ihnen ist, und um Abwechslung zu schaffen, gehen Sie jetzt und heben Ihre Arme hoch, dann ist das eine neue Übung. Das ist zu viel verlangt. Also:

- Immer nur eine neue Sache gleichzeitig üben!

Damit haben wir unsere **Faustregel Nr. 4**. Am besten schreiben Sie sie sich auf extra Zettel und hängen sie da auf, wo Sie am häufigsten üben. Diese Regeln gelten übrigens für jedes Training mit dem Hund, nicht nur für die Nasenarbeit.

Die freie Suche eines bestimmten Gegenstandes

Das ist eine mögliche Aufgabenstellung, die man aus der Grundübung aufbauen kann. Ziel ist, dass der Hund einen bestimmten Ort nach einem bestimmten Geruch absucht. Das kann der Geruch unterschiedlicher Gegenstände sein, wie zum Beispiel der des Handys, der des Autoschlüssels, eines bestimmten Spielzeuges usw. Das kann auch ein ganz bestimmter Geruchsstoff sein (siehe zum Beispiel Seite 52, 60 oder 94). Hier noch mal die einzelnen Übungsschritte am Beispiel Autoschlüssel. Anstelle des Wortes »Autoschlüssel« können Sie auch Handy, gelbes Quietschespielzeug, Hausschuhe, Leine oder was auch immer setzen und haben jeweils eine neue Übung.

Schritt 1

Das Motivationsmittel wird zusammen mit dem Autoschlüssel ausgelegt, das heißt, ab jetzt liegt immer der Autoschlüssel neben oder sogar auf dem Motivationsmittel. Wiederholen Sie diesen Schritt an mindestens zehn verschiedenen Orten jeweils dreimal. Wählen Sie sich dazu ein Kommando, zum Beispiel »Such Schlüssel«. Denken Sie an Ihr gewohntes Ritual.

Schritt 2

Dieser Schritt ist ein ganz entscheidender. Der Autoschlüssel wird alleine ausgelegt, ohne das Motivationsmittel. Sie sollten jetzt sehr konzentriert sein und sehr gut aufpassen. Wahrscheinlich wird der Hund bei der Suche kurz am Autoschlüssel zögern, weil da ja in letzter Zeit immer das Motivationsmittel gelegen hatte, so nach dem Motto: »Nanu, hier müsste doch eigentlich meine Belohnung sein. Wo ist sie denn?« Dieses kurze Zögern müssen Sie ganz dringend einfangen.

Mit »einfangen« meinen wir, es auf den Punkt zu belohnen. Das geht am besten mit einem Klicker oder sonstigem sekundären Verstärker. Sofort, nachdem Sie das Zögern mit dem Klicker oder auch mit einem Lobwort markiert haben, bekommt der Hund das ursprüngliche Motivationsmittel als Belohnung. An dieser Stelle müssen Sie ihm wieder ganz besonders zeigen, wie toll er ist. Denn jetzt soll er ja die Idee der neuen Aufgabe bekommen, nämlich den Autoschlüssel zu suchen. Er lernt jetzt, dass die Belohnung eben auch kommt, wenn sie nicht sofort sichtbar ist. Er braucht nur den Schlüssel zu finden, dann gibt es auch die tolle Belohnung.

Wiederholen Sie diesen Schritt einige Male.

Schritt 3

In diesem Schritt wird der Hund nicht mehr sofort auf den Punkt belohnt, sondern die Belohnung wird ein bis zwei Sekunden herausgezögert. An dieser Stelle kann eine unabhängig trainierte Form der Anzeige eingebaut werden.

Schritt 4

Die Anforderungen werden mehr und mehr erhöht, indem der Autoschlüssel immer schwieriger versteckt wird.

Im hohen Gras wurde ein Schlüssel verloren. Gut, wenn man einen Hund hat, der einem bei der Suche helfen kann.

Mögliche Schwierigkeiten:
Bei Schritt 2 reagiert der Hund überhaupt nicht auf den alleine liegenden Schlüssel. Er hat also noch gar keinen Zusammenhang zwischen Schlüssel und Motivationsobjekt hergestellt.

Es gibt verschiedene Möglichkeiten: Sie können Schritt 1 noch einige Male wiederholen. Wenn Sie dann wieder auf Schritt 2 übergehen, seien Sie super aufmerksam. Vielleicht bitten Sie eine Hilfsperson, damit Sie zu zweit nach einem Zögern schauen. Sie können auch belohnen, wenn der Hund nur zufällig dem Schlüssel recht nahe kommt. Nach einigen Wiederholungen sollte er dann verstehen, worum es geht.

Eine andere Möglichkeit ist die, dass Sie unter den Schlüssel zum Beispiel ein kleines Leckerchen legen. Jetzt wird er kurz zögern und wird mit der großen Belohnung belohnt.

Sie werden zu einem gefragten Team werden!

Die dritte Möglichkeit ist die, dass Sie selbst den Schlüssel finden, so nach dem Motto: »Guck mal, *ich* habe ihn gefunden! Zu schade, dass du es nicht geschafft hast.« Das wird schon den Ehrgeiz des Hundes anstacheln. Das wird er sich hoffentlich nicht zweimal sagen lassen.

Der Hund zeigt nicht richtig an

In diesem Fall müssen Sie die Anzeige unabhängig vom Suchen besser trainieren (siehe S. 34). Denken Sie auch daran, sie an mehreren Orten zu üben. Erst wenn sie unabhängig vom Suchen gut klappt, können Sie sie in diese Übung einbauen.

Eine andere Möglichkeit ist, den Ehrgeiz des Hundes anzustacheln.

Mögliche Fallstricke in der Ausbildung

Mit Fallstricken meinen wir Fehlverknüpfungen, die der Hund bilden kann. Fehlverknüpfungen bedeutet, dass er etwas anderes lernt, als wir uns ursprünglich vorgenommen haben. Da wir nie genau vorhersagen können, was der Hund letztendlich verknüpft, ist es sehr sinnvoll, in dieser Hinsicht besonders wachsam zu sein.

Die häufigste Fehlverknüpfung bei der freien Suche eines Geruchsstoffes oder Gegenstandes ist die, dass die Suche eben gar nicht so frei ist, sondern dass sich der Hund an Ihrer Spur orientiert. Wie kann das sein? Hunde sind nun mal Spezialisten in Sachen Nase.

Außerdem werden sie alle erdenklichen Hilfsmittel zum Lösen der ihnen gestellten Aufgabe benutzen. Eine Geruchsspur ist für den Hund ähnlich wie für uns beispielsweise sichtbare Fußabdrücke. Stellen Sie sich einen frisch geharkten Sandplatz vor, der so groß ist wie ein Fußballfeld. Auf diesem Platz stehen fünfzig Kisten. In einer der Kisten wurde etwas versteckt, das Sie suchen sollen. Nun werden Sie sicherlich auch nicht wahllos alle Kisten abgehen, sondern der deutlich sichtbaren Spur im Sand folgen. Denn die führt Sie natürlich am schnellsten ans Ziel. So geht es auch unseren Hunden. Deshalb ist beim Trainingsaufbau darauf zu achten, dass möglichst keine Geruchsspur gelegt wird. Sie sollten den Gegenstand, in diesem Fall also den Autoschlüssel, auswerfen anstelle von auslegen. (Seien Sie beim Werfen von Schlüsseln nur vorsichtig, dass sie nicht auf einem harten Untergrund landen. Sonst gibt es vielleicht eine Macke in einem Schlüsselbart, was dazu führen kann, dass er nicht mehr ins Schloss passt.)

Das ist zum Beispiel auch eine Fehlverknüpfung, die in der Rettungshundeausbildung vorkommen kann, wenn die Ausbilder weniger erfahren sind. Anstatt dass die Hunde die Nase in die Luft strecken und die Gegend nach menschlichem Geruch absuchen, folgen sie der Spur der Versteckperson ins Versteck. Das ist natürlich unter Umständen verhängnisvoll in einer ernsthaften Flächensuche.

Noch einige Tipps:

- Wollen Sie dem Hund mehrere der oben beschriebenen Aufgaben beibringen, was sehr nützlich sein kann, empfehlen wir Ihnen, das Ritual am Anfang der Suche jeweils etwas abzuwandeln. Zum Beispiel könnten Sie bei »Such das Handy« immer in die Hocke gehen, »Bring die Hausschuhe« sagen Sie immer, wenn Sie Ihre Schuhe ausziehen und so weiter. Damit helfen Sie dem Hund bei der Unterscheidung dieser verschiedenen Dinge. Unsere Worte fallen ihm nämlich nicht so leicht zu verstehen wie unsere Körpersprache.

- Sollten Sie unterschiedliche Formen der Anzeige gewählt haben, weil Ihr Hund vielleicht das Handy zerbeißen würde, wenn er es Ihnen bringen soll, das mit den Hausschuhen aber kein Problem und eben praktischer ist, sollten Sie sich auch für die unterschiedlichen Anzeigemöglichkeiten überlegen, wie Sie dem Hund durch zusätzliche Signale helfen können. Natürlich muss sichergestellt sein, dass die Anzeige zunächst unabhängig vom Suchen gründlich trainiert wird, damit der Hund durch die vielen Wiederholungen schon diese bestimmte Anzeige mit dem bestimmten Gegenstand verknüpft hat. Aber Sie können ihm durch weitere Signale bei der Unterscheidung der einzelnen Anzeigen helfen. So können Sie beim Apportieren als Anzeige vor der Suche immer das Halsband des Hundes ausziehen. Bei einer Bellanzeige nehmen Sie, bevor Sie ihn losschicken, noch einmal kurz den Fang in die Hände. Beim Hinsetzen als Anzeige lassen Sie ihn vor dem Suchen sitzen. Das alles sind Beispiele. Sie können sich auch andere Rituale ausdenken. Je mehr unterschiedliche körpersprachliche Signale Sie dem Hund für die verschiedenen Aufgaben geben, desto leichter wird es ihm fallen, die Übungen nicht zu verwechseln.

Sollten Sie nicht wollen, dass Ihr Hund das Handy apportiert, trainieren Sie eine andere Form der Anzeige.

Der Dufttarget

Für diese Übung brauchen Sie einen normalen Target, an dessen Spitze Sie ein Duftsäckchen befestigen. Sie können dafür einen handelsüblichen Target aus dem Trainingsbedarf nehmen oder aber selber ein Stöckchen mit Duftsäckchen an der Spitze basteln.

In dieses Duftsäckchen tun Sie den Duft, den der Hund später einmal suchen soll. Das kann Kamille sein, Trüffel oder was auch immer. Vielleicht entdecken Sie im Laufe des Buches noch einige Düfte, die Sie Ihrem Hund gerne nahebringen würden.

Mit diesem Dufttarget machen Sie dann ein ganz normales Targettraining.

1. Halten Sie dem Hund den Target kurz vor die Nase. Die meisten Hunde sind von Natur aus neugierig und werden sich diesem Gegenstand mit der Nase nähern. In dem Moment klicken und belohnen Sie den Hund.

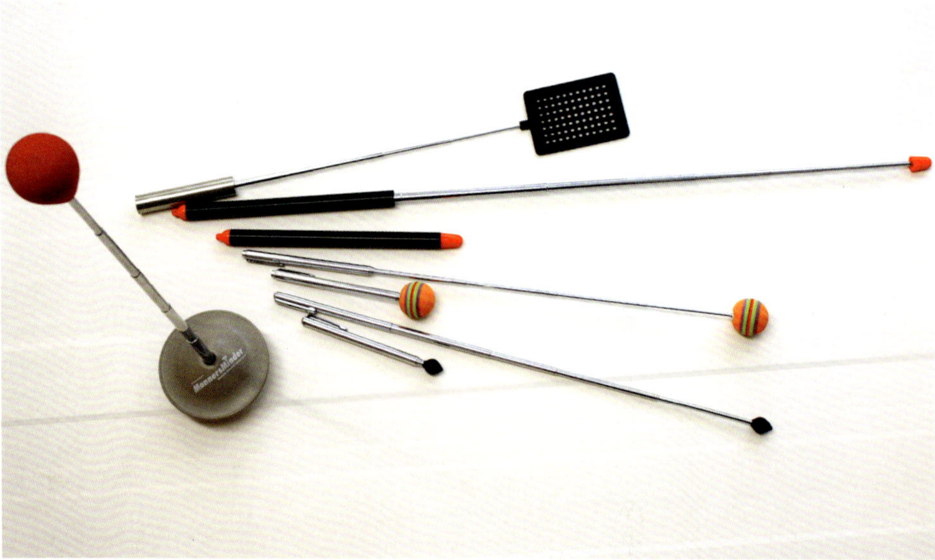

Es gibt ganz viele mögliche Targets fürs Training.

2. Nehmen Sie nach dem Klick den Target hinter Ihren Rücken, damit Sie ihn danach wieder neu präsentieren können. Das erhält die Neugierde des Hundes und vereinfacht Ihnen die Aufgabe.
3. Jetzt soll er sich nicht nur nähern, sondern den Target wirklich berühren, um den Klick und die Belohnung zu bekommen. Präsentieren Sie dem Hund den Target immer noch in bequemer Reichweite der Nase. Nach dem Klick wird der Target wieder entfernt.
4. Halten Sie den Target jetzt in verschiedene Positionen, so dass der Hund sich mal bücken, mal aufrichten oder mal nach rechts oder links reichen muss, um den Target zu berühren. Berührt Ihr Hund den Target zuverlässig, ist es Zeit, das entsprechende Wortsignal einzuführen.

Der Vorteil des Dufttargets liegt darin, dass der Hund den Geruch sozusagen im Unterbewusstsein kennenlernt. Sie machen ganz normal ein Targettraining, aber der Hund lernt auch den Duft. Da das Targettraining Spaß macht, wird der Hund an diesen Spaß denken, wenn er den Duft mal alleine wahrnimmt. Das vereinfacht dann das Training sehr.

Hier berührt Holly den Dufttarget.

Die Anzeige – Was sagt mir der Hund?

Eine Schwierigkeit in der Ausbildung bei der Nasenarbeit ist die, wie man dem Hund begreiflich machen kann, was man von ihm möchte. Mit kleinen Übungsschritten und einem wohlüberlegten Übungsaufbau ist das zu meistern.

Die andere Schwierigkeit ist die, wie uns der Hund sagt, ob er etwas in der Nase hat oder ob er etwas gefunden hat.

Weiter oben haben wir schon mal geschrieben, wie wichtig es ist, den Hund genauestens zu beobachten. Am besten machen Sie das sogar wirklich dann und wann mit einer Videokamera, damit Sie sich manche Sequenzen wieder und wieder ansehen können.

Beobachen Sie Ihren Hund genau – gerne auch mit einer Videokamera.

Wenn der Hund zeigt, dass er etwas in der Nase hat oder eben etwas gefunden hat, nennt man das Anzeige.

Es gibt unterschiedliche Anzeigen. Einmal lassen sie sich unterscheiden, nach denen, die der Hund natürlicherweise von sich aus zeigt und nach denen, die der Mensch ihm antrainiert hat. Wir wollen uns das im Folgenden etwas genauer ansehen.

Vielleicht sind Sie ja schon in der letzten Übung auf dieses Problem gestoßen. Dabei haben wir bisher noch keinen Wert auf eine spezielle Anzeige gelegt. Vielleicht haben Sie einen Hund, der Ihnen den gefundenen Gegenstand bringt, vielleicht haben Sie aber auch einen, der sich davor hinstellt und mit dem Schwanz wedelt oder im Extremfall einen, der kurz hinläuft, findet und wieder weitergeht.

Sollte Ihr Hund zu dem letzten Beispiel gehören, werden Sie schon bemerkt haben, wie schwierig es für einen Menschen ist, dann wirklich einzuschätzen: Hat er nun etwas gefunden oder nicht? Um diese Schwierigkeit etwas zu umgehen, kann man dem Hund eine ganz spezielle Anzeige antrainieren. Trotzdem ist jedoch das, was der Hund natürlicherweise von sich aus zeigt, die natürliche Anzeige, die verlässlichste. Das zeigt er nämlich automatisch

Nicht alle Hunde zeigen einen gefundenen Gegenstand so deutlich an.

und muss nicht erst überlegen, was denn nun das verabredete Zeichen war. Die natürliche Anzeige wird auch die verlässlichste in etwas schwierigen Situationen sein. Vielleicht vergisst der Hund die antrainierte Anzeige? Bestimmt ist es auch jedem von uns mal so gegangen, dass einem in einer bestimmten Situation eine wichtige Sache nicht mehr eingefallen ist. Wir sollten dem Hund also dann keinen Vorwurf machen, sondern besser trainieren und uns darin üben, das zu verstehen, was der Hund uns sagen will.

Die natürliche Anzeige

Was zeigt der Hund uns also? Hier ist jeder Hund unterschiedlich. Wir können Ihnen also hier nicht beschreiben, was Ihr Hund im Speziellen als natürliche Anzeige anwenden wird. Das können Sie nur selbst von ihm lernen.

Das könnte eben ein Schwanzwedeln sein oder dass er den Kopf etwas tiefer oder höher nimmt. Das könnte eine bestimmte Körperhaltung sein, die er einnimmt, wenn er den Geruch in der Nase hat.

Wenn er dann gefunden hat, könnte er freudig herumspringen oder scharren, als sehr deutliche Signale. Oder er könnte kurz aufblicken und die Arbeit ist für ihn erledigt.

Wir können nur immer wieder betonen, wie sehr es sich lohnt, diese Anzeigen des Hundes durch genaues Beobachten immer besser zu lernen. Man nennt das, dass Sie Ihren Hund *lesen* können sollten. Im Laufe des Buches werden wir immer wieder darauf stoßen, dass Sie sich auch ganz bewusst Feinheiten im Ausdruck des Hundes ansehen sollen. Wie sieht er aus, wenn er einen ganz starken Geruch in der Nase hat? Wie sieht er aus, wenn er ganz wenig Geruch hat? Wie sieht er aus, wenn er gar keinen Geruch findet?

Antrainierte Anzeigen

Um es für den Menschen etwas deutlicher zu machen, kann man dem Hund auch spezielle Anzeigen antrainieren. Jede Art der Anzeige hat ihre eigenen Vor- und Nachteile. Der Hund kann aber auch durchaus in unterschiedlichen Übungen unterschiedliche Anzeigen lernen, damit man jeweils die bestmögliche Anzeige auswählen kann.

Apportieren

Bei unserer Gegenstandssuche wäre eine Möglichkeit, dass der Hund den gefundenen Gegenstand bringt. Das setzt natürlich voraus, dass er auch gelernt hat, die unterschiedlichsten Gegenstände, wie zum Beispiel Autoschlüssel, Feuerzeug, Handy und so weiter in seinen Fang zu nehmen und zu tragen, möglichst ohne darauf herumzukauen.

Für das Suchen von verlorenen Gegenständen ist das eine durchaus sinnvolle Möglichkeit. Hat Ihr Hund jedoch Schwierigkeiten mit dem Apportieren, gibt es noch genügend andere Möglichkeiten der Anzeige.

In manchen Situationen ist es ja auch gar nicht erwünscht, dass der Hund das Gefundene ins Maul nimmt, wie zum Beispiel bei der Gegenstandsanzeige auf der Fährte.

Auch da, wo Hunde ernsthaft zum Suchen eingesetzt werden, zum Beispiel bei Rauschgift- oder Sprengstoffspürhunden, wäre es nicht sehr angebracht, wenn sie das, was sie finden, aufnehmen. Oder aber ein verlorener Gegenstand gehört einer vermissten Person und die Polizei möchte daran noch Spuren sichern. Auch da wäre es nicht sehr angebracht, wenn der Hund alles mit seinem Speichel unbrauchbar machen würde.

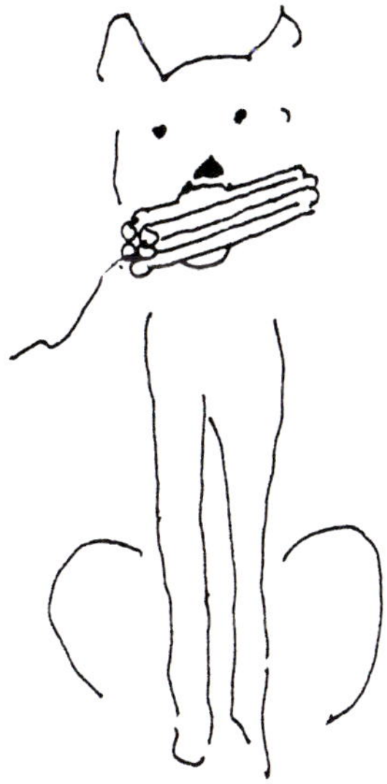

Manche Objekte eignen sich nicht zum Apportieren.

Man kann dem Hund aber sehr wohl beibringen, dass er zum Beispiel bei der Such-verloren-Übung den gefundenen Gegenstand apportiert, auf der Fährte jedoch durch Hinlegen anzeigt. In diesem Fall könnte die Leine ein Unterschiedskriterium für den Hund sein. Auch hier gilt wieder, dass wir ihm nur richtig deutlich machen müssen, was wir von ihm möchten. In der Anlernzeit wird es dann hin und wieder vorkommen, dass der Hund die »falsche« Anzeige in einer bestimmten Übung zeigt. Das wird dann einfach so lange ignoriert, bis die richtige Anzeige kommt. Sie verstehen den Hund eben einfach nicht, bis er es Ihnen auf die richtige Weise sagt.

Vermeiden Sie das so viel verwendete »Nein«. Wir haben den Eindruck, dass damit alle Menschen schnell bei der Hand sind.

Das frustriert.

Es bringt jedoch nicht viel und sagt dem Hund höchstens, was er nicht darf, was unter Umständen zu Frust führen kann. Der Hund erfährt damit aber noch nicht, was denn nun erwünscht ist.

In der Natur ist es so, dass Verhaltensweisen, die sich nicht lohnen, immer weniger gezeigt werden. Sorgen Sie also nur dafür, dass sich unerwünschtes Verhalten nicht lohnt, indem Sie es nicht beachten, erwünschtes Verhalten jedoch sehr lohnenswert ist.

Sitzen, Stehen, Hinlegen

Diese Anzeigen möchten wir alle zusammen abhandeln, weil es von der Aussagekraft eigentlich gleich ist, welche man wählt.

Auf der Fährte wird gerne das Hinlegen bei einem Gegenstand verlangt und das dann möglichst noch in Laufrichtung.

Da ist das eine durchaus brauchbare Anzeige. Auch in der Verloren-Suche wäre diese Art der Anzeige brauchbar, vorausgesetzt, man sieht den Hund bei der Arbeit. Damit hat man also eine gute Alternative, falls man sich bei einem – sagen wir mal nicht so apportierfreudigen – Hund nicht die Mühe machen möchte, es ihm beizubringen.

Bei Geruchsunterscheidungen, wie wir sie später noch vorstellen möchten, ist diese Art der Anzeige weniger geeignet. Wenn der Hund nämlich zwanzig Gegenstände vor sich liegen hat und steht dann nur oder liegt oder sitzt davor, dann ist das nicht sehr aussagekräftig.

Es gibt wie bei allem wieder eine ganze Menge Möglichkeiten, wie wir dem Hund diese Art der Anzeige beibringen können. Beispielhaft möchten wir hier nur zwei beschreiben. Beide Möglichkeiten sind gedacht zum Trainieren der Anzeige auf der Fährte oder bei der Spurensuche.

Die erste Möglichkeit wird zunächst unabhängig von der Fährte oder Spur trainiert. Voraussetzung ist, dass Ihr Hund das Kommando »Platz« (oder »Sitz« oder »Steh«, je nachdem, was Sie verwenden wollen) beherrscht.

Sie legen den Gegenstand auf den Boden. Wenn der Hund ihn wahrgenommen hat, geben Sie ihm das Kommando »Platz«. Das wiederholen Sie so oft, bis der Hund sich automatisch hinlegt, wenn der Gegenstand auf den Boden kommt. Der Gegenstand wird für den Hund quasi zum neuen Platz-Kommando. Bisher war der Hund noch bei Ihnen. Im nächsten Übungsschritt ist entweder der Hund einige Schritte weg oder Sie legen den Gegenstand erst in einiger Entfernung hin. Der Hund sollte jetzt zum Gegenstand hinlaufen und sich hinlegen. Sollte dieser Schritt nicht funktionieren, denken Sie wieder daran, Zwischenschritte einzubauen. Der Gegenstand war dann für den Hund schon zu weit weg. Also trainieren Sie die Entfernung, wenn es sein muss, in Zehn-Zentimeter-Schritten.

Im nächsten Schritt deponieren Sie den Gegenstand so, dass der Hund nicht zusehen konnte, jedoch auf einer übersichtlichen Fläche. Sie nähern sich dann mit dem Hund dem Gegenstand oder lassen den Hund alleine gehen (je nachdem) und beobachten nur, was er macht. Er sollte sich jetzt schon von sich aus hinlegen, ohne dass er von Ihnen ein Kommando bekommt. Nur im Notfall geben Sie Hilfestellung, aber auch dann nur höchstens einmal. Hat der Hund es damit noch nicht verstanden, gehen Sie lieber noch mal einige Schritte in der Ausbildung zurück.

Im nächsten Übungsschritt sollten Sie noch die Ablenkung einbauen. Dafür können Sie sich alles Mögliche einfallen lassen. Es geht darum, es dem Hund

Eine mögliche Form der Anzeige ist, dass der Hund sich vor dem Gegenstand hinlegt.

etwas aufregend zu machen. In der Suche sind die meisten Hunde nämlich sehr erregt und sie könnten dann vor lauter Aufregung ganz vergessen, was sie machen sollen. Also bauen Sie die Aufregung so nach und nach schon vorher ein.

Der letzte Schritt, bevor Sie die Anzeige dann wirklich in der Fährte oder Spurensuche einsetzen können, ist noch, dass der Hund diese Art der Anzeige auf alle möglichen Gegenstände verallgemeinern soll. Dazu machen Sie also dieselbe Übung mit unterschiedlichen Gegenständen. Jetzt erst sollten Sie diese Anzeige in die Fährte oder beim Spurensuchen einbauen.

Beim Fährten gibt es noch die erwähnte Besonderheit, dass der Hund in Laufrichtung vor dem Gegenstand liegen soll. Das erreicht man am besten dadurch, dass man den Hund nur von vorne belohnt. Das geht entweder ganz gut mit einem Helfer, der die Belohnung dann übernimmt, oder Sie gehen erst am Hund vorbei, bevor Sie ihn belohnen. Wenn Sie das mal auf der linken und mal auf der rechten Seite machen, sollte eigentlich dem vorgebeugt werden, dass der Hund sich erwartungsvoll nach Ihnen umsieht und damit dann schief liegt. Nehmen Sie sich nur bitte wirklich Zeit, diese Anzeige von Grund auf aufzubauen.

Wir hatten ja schon einmal erwähnt, dass man immer nur an einem Kriterium gleichzeitig arbeiten sollte. Wenn der Hund die Anzeige noch nicht richtig beherrscht und dann auch noch auf die Richtung achten soll, in der er sich hinlegt, dann ist er damit überfordert und Sie erzeugen nur Frust. Wie immer in der Ausbildung sollte jedoch der Spaß im Vordergrund stehen.

Bei der nächsten Möglichkeit, diese Anzeige zu trainieren, gehen wir sofort auf die Fährte bzw. die Spur. Sobald der Hund seine Aufgabe, nämlich das Suchen, dort verstanden hat, werden übertrieben viele Gegenstände auf die Strecke gelegt. Sie beobachten einfach nur, was Ihr Hund macht. Wenn er die Gegenstände überläuft, ist das kein Problem. Irgendwann wird er mal bei einem stoppen, wenn auch nur ganz kurz. Und das sollten Sie ganz besonders belohnen. In Trainerjargon heißt das: Der Hund bekommt einen Jackpot. Das könnte zum Beispiel ein ganz besonderes Leckerchen sein oder ein Spiel mit seinem Lieblingsspielzeug. Wenn der Hund nur weiter suchen möchte, ist das auch in Ordnung. Auch das ist ja dann eine schöne Belohnung für ihn.

Um dieses anfangs meist nur andeutungsweise Stoppen bei einem Gegenstand einzufangen, ist der Klicker als sogenannter sekundärer positiver Verstärker bestens geeignet. Wir möchten darauf hier nicht näher eingehen, weil wir die Verwendung des Klickers schon in anderen Veröffentlichungen beschrieben habe (siehe Literaturverzeichnis).

Aus diesem andeutungsweisen Zögern wird nach und nach ein immer deutlicheres Stoppen. Das können Sie dann als Signal einfach so lassen oder ein Sitz oder Platz verlangen, bevor die Belohnung kommt. Nach vielen Wiederholungen wird der Hund dann automatisch das zeigen, was Sie immer belohnt haben.

Hat der Hund diese Übung verstanden, werden die Gegenstände auf der Spur übrigens wieder ausgedünnt. Die besonders vielen wurden nur hingelegt, um schneller eine Chance zu haben, den Hund belohnen zu können.

Bellen

Vor allem in der Rettungshundearbeit wird hier bei uns hauptsächlich das Bellen als Anzeige verwendet. Wahrscheinlich kommt das ursprünglich aus dem Verbellen im Schutzhundesport.

Hat der Hund erst einmal herausgefunden, dass Bellen sich lohnt, wird er es auch in anderen Situationen zeigen.

Der Vorteil ist, dass es relativ leicht zu trainieren und je nach Umgebung gut zu hören ist. Das ist dann besonders in solchen Situationen wichtig, wo man den Hund nicht mehr sehen kann.

Die Nachteile überwiegen aber: Obwohl das Bellen relativ leicht zu trainieren ist, ist es relativ schwer, es unter Signalkontrolle zu bekommen. Das bedeutet, dass der Hund auch nur bellt, wenn er das entsprechende Signal hat, was am Anfang ein Kommando sein kann, später ist es dann das gefundene Opfer. Er sollte nicht bellen, wenn dieses Signal nicht da ist. Und darin liegt das Problem. Hat ein Hund erst einmal herausgefunden, dass Bellen sich manchmal lohnt, wird er es entsprechend häufiger, auch in anderen Situationen anwenden. Um es unter Signalkontrolle zu bekommen, dürfte es in keiner anderen Situation beachtet werden. Das ist deshalb so schwierig, weil wir Menschen eben hauptsächlich über Worte kommunizieren und daher auch beim Bellen des Hundes so leicht reagieren.

Das Bellen kann als eine mögliche Anzeige trainiert werden.

Bellen als Anzeige – für das Opfer nicht gerade angenehm.

Nach unserem Geschmack ist das ständige Bellen aber – wenn es nicht unter Signalkontrolle ist – etwas sehr lästiges.

Ein weiterer Nachteil ist für uns der, was das Opfer wohl empfinden muss. Stellen Sie sich vor, Sie liegen irgendwo mit einem gebrochenen Bein, ein Hund findet Sie, stellt sich vor Sie und bellt, was das Zeug hält. Rettungshunde sind ja oft keine kleinen Hunde. Dann kann es entsprechend lange dauern, bis der dazugehörende Mensch kommt! Furchtbar!

Auch für den Hund ist das nicht unbedingt die sinnvollste Lösung. Nehmen wir an, es ist an einem sehr heißen Tag. Der Hund findet das Opfer und bellt. Das Opfer liegt in einem schwer zugänglichen Gebiet, es dauert also entsprechend lange, bevor der Hundeführer nachkommt. In dieser Situation ist das Bellen für den Hund sehr anstrengend, und dann soll er das womöglich noch über eine Viertelstunde oder länger machen. Wenn er dann vor Erschöpfung aufhört, werden er und das Opfer nicht mehr gefunden.

Außerdem kann es Situationen geben, in denen man aus einiger Entfernung kein Bellen mehr hört.

In Amerika wird viel häufiger damit gearbeitet, dass der Hund, der gefunden hat, zu seinem Hundeführer zurückläuft und ihn dann zum Opfer hinführt. Dabei kann er auch wieder mit unterschiedlichen Möglichkeiten anzeigen, dass er gefunden hat. Sonst könnte man es ja damit verwechseln, dass er nur mal wieder nach seinem Hundeführer gucken kommt. Einige Möglichkeiten sind zum Beispiel Bellen, Vorsitzen, Anspringen oder Bringseln. Beim Bringseln trägt der Hund ein spezielles Halsband, an dem ein Gegenstand – eben das Bringsel – befestigt ist, das der Hund dann ins Maul nimmt und seinem Menschen bringt, wenn er das Opfer gefunden hat.

Das Bringseln

Beim Bringseln kommt der Hund mit einem Bringsel im Maul und zeigt damit, dass er gefunden hat. Dann führt er seinen Menschen zum Fundort.

Schritt 1

Der Hund muss lernen, das Bringsel zu Apportieren. Fürs Training eignet sich da sehr gut ein Stück Gartenschlauch.

Schritt 2

Klappt das Apportieren zuverlässig, wird das Brinseln beim Finden eingebaut. Der Hund findet also das, was er suchen soll, zum Beispiel einen Menschen in der Rettungshundeausbildung. Dieser Mensch hat dann das Bringsel und gibt es dem Hund, der es daraufhin seinem Menschen bringt. Die Belohnung kann es dann schon beim Opfer geben, damit der Hund sich schon daran gewöhnt, nach dem Bringseln wieder dorthin zu gehen.

Schritt 3

Das Bringsel wird am Halsband befestigt. Es gibt extra Bringselhalsbänder. Damit wird Schritt 2 wiederholt. Das Opfer gibt dem Hund sein am Halsband befindliches Bringsel ins Maul. Der Hund bringt es dann zu seinem Halter und wird wieder beim Opfer belohnt.

Schritt 4

Der Hund soll beim Opfer das Bringsel alleine aufnehmen. Zur Not kann das Opfer noch helfen. Der Rest ist wie Schritt 3.

Schritt 5

Nimmt der Hund sein Bringsel ohne Hilfe des Opfers auf, wenn er gefunden hat, wird jetzt immer mehr von der bis jetzt aufgebauten Verhaltenskette verlangt. Der Hund soll jetzt also ohne Hilfe das Bringsel zu seinem Menschen bringen.

Schritt 6

Jetzt soll der Hund nach dem Bringen des Bringsels zuerst seinen Menschen zum Opfer führen, bevor es die große Belohnung gibt.

Das Bringseln kann man bei jeder beliebigen Suche als Anzeige trainieren. Gibt es am Ende einen Gegenstand zu finden, nimmt man wie oben beschrieben einen Helfer, der zunächst immer beim Gegenstand ist und dem Hund mit dem Bringsel hilft, bis er es alleine kann. Danach kann der Helfer dann abgebaut werden.

Wie funktioniert die Nase?

Wir wollen uns hier etwas genauer die Funktion der Hundenase ansehen, um den Prozess, der beim Riechen abläuft, auch gut zu verstehen.

Genau genommen riecht der Hund nicht mit der Nase, sondern mit dem Riechepithel. Das ist eine dünne Schleimhaut, die einen Teil der Nasenhöhle auskleidet. Ein Teil der eingeatmeten Luft strömt über dieses Epithel. Die in der Luft befindlichen Geruchsmoleküle diffundieren in den Schleim, der auf diesem Epithel liegt und können dann wahrgenommen werden.

Das Riechepithel besteht aus drei verschiedenen Zelltypen. Da gibt es zum einen die Stützzellen, die sozusagen das Grundgerüst bilden. Darin eingebettet befinden sich die eigentlichen Riechzellen. Diese Riechzellen sind Nervenzellen, die direkt mit dem Gehirn verbunden sind. Die dritte Zellart sind die sogenannten Basalzellen, was eigentlich nachwachsende Riechzellen sind. Denn die Riechzellen wachsen kontinuierlich, sterben ab und werden durch neue ersetzt in einem Zyklus, der ungefähr ein bis zwei Monate dauert. Die Riechzellen sind damit einige der wenigen Nervenzellen, die das ganze Leben hindurch immer wieder ersetzt werden.

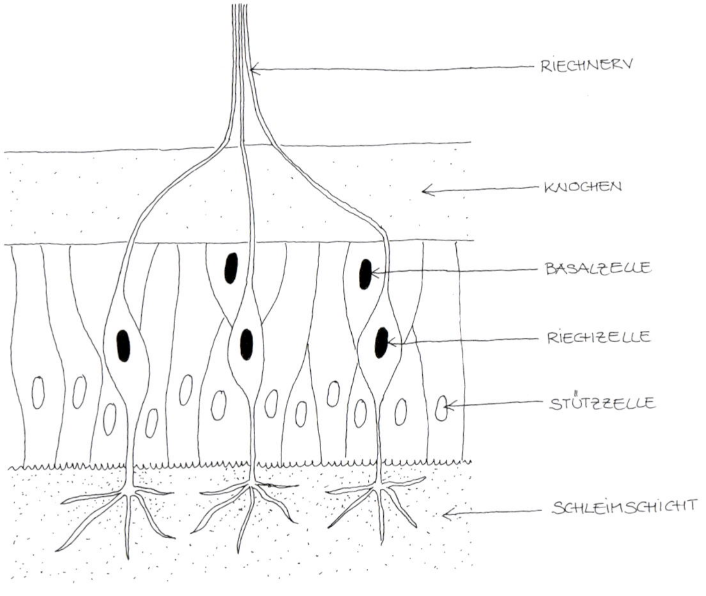

Das Riechepithel der Hundenase.

Die einzelnen Riechzellen haben so etwas wie kleine Antennen, die in die Schleimschicht hineinragen, welche das Riechepithel bedeckt. Diese Schleimschicht enthält unter anderem Antikörper, die hier eine sehr wichtige Aufgabe erfüllen, da über die Riechzellen eine direkte Verbindung zum Gehirn besteht, was manche Krankheitserreger als Eingangspforte benutzen.

In dieser Schleimschicht sind aber auch die Geruchspartikel gelöst. Sie binden an bestimmte Eiweiße in der Membran dieser kleinen Antennen, die in die Schleimschicht hineinragen. Durch eine chemische Reaktion wird ein elektrisches Potenzial erzeugt, was dann die Information über den Riechnerv ins Gehirn leitet. Obwohl die Feinheiten noch nicht bis ins Detail erforscht sind, sieht es so aus, als ob jede Riechzelle Rezeptoren – man könnte sagen »Anlegestellen« – für einen bestimmten Geruchsstoff hat.

Es wurden schon an die tausend Gene für solche unterschiedlichen Rezeptoren in der Riechschleimhaut gefunden.

Während beim Menschen die Größe dieser Riechschleimhaut insgesamt nur 10 cm^2 beträgt, beträgt sie beim Hund immerhin bis zu 200 cm^2. Außerdem haben Hunde in jedem Quadratzentimeter dieser Riechschleimhaut über hundertmal mehr einzelne Riechzellen als der Mensch.

Ein nächster großer Unterschied besteht in der Größe des Riechhirns, das beim Hund im Vergleich zu seiner Gehirngröße um einiges größer ist als beim Menschen. Im Riechhirn werden die Informationen, die von der Riechschleimhaut weitergeleitet werden, verarbeitet. Dort findet zum Bespiel die Geruchsunterscheidung statt. Außerdem bestehen Verbindungen vom Riechhirn zu vielen anderen Teilen des Gehirns, die mit Gefühlen oder Erinnerungen zu tun haben.

Der genaue Prozess des Riechens ist hochinteressant und spannend und bis ins kleinste Detail bei weitem noch nicht erforscht.

Hunde können – im Gegensatz zu uns – »stereo« riechen. Das bedeutet, dass sie die Informationen aus den Gerüchen in beiden Nasenhöhlen viel effektiver getrennt verarbeiten können und damit auch Richtungen bestimmen können. Findet ein Hund eine Spur, dann weiß er, in welche Richtung der jeweilige Mensch oder das Tier gelaufen ist. Es wäre in der Natur bei einem Jäger wie dem Hund auch sehr unvorteilhaft, würde er einer Spur in die falsche Richtung folgen.

Ein Hund muss also nicht erst lernen, der Spur in einer bestimmten Richtung zu folgen, wie es vielfach angenommen wird.

Auf diese Weise kann der Hund auch feststellen, woher ein Geruch kommt, der von einer bestimmten Geruchsquelle ausgeht, wie zum Beispiel Sprengstoff für einen Sprengstoffspürhund. So wie wir die Richtung eines Geräusches einordnen können, kann der Hund das mit dem Geruch.

Die viel effektiveren Verschaltungsmöglichkeiten im Riechhirn des Hundes ermöglichen auch eine viel höhere Auflösung des Geruches. Das kann man schön mit digitaler Fotografie vergleichen. Hat die Kamera eine geringe Speicherkapazität (entspricht dem kleinen Riechhirn des Menschen), dann ist die Auflösung des Bildes nachher sehr gering. Besonders Details können sehr unscharf sein. Hat die Kamera dagegen eine hohe Speicherkapazität (wie das Riechhirn des Hundes), ist die Auflösung sehr viel genauer.

Die Auswirkungen davon können wir wieder nur erahnen. Wenn wir in einen Raum hineinkommen, in dem es unangenehm riecht, dann nehmen wir ein Geruchsgemisch wahr, das wir aber in den seltensten Fällen weiter dif-

Ein Hund muss nicht lernen, in welche Richtung eine Spur läuft. Das weiß er durch seine gute Nase.

ferenzieren können. Der Hund mit seiner viel größeren Auflösungsmöglichkeit für die unterschiedlichen Gerüche nimmt jedoch viele Einzelgerüche wahr. Und auch wenn ein bestimmter Geruch sehr dominierend ist, ist der Hund noch in der Lage, einen sehr viel schwächeren herauszuriechen.

Die Funktion der Nase, wie wir sie uns bisher angesehen haben, macht uns für die praktische Arbeit einiges deutlich. So muss zum Beispiel die Nasenschleimhaut immer schön feucht sein, damit sich auch Geruchspartikel darin lösen können. Gerade bei heißem Wetter bedeutet das, dass dem Hund öfter Wasser angeboten werden sollte, weil sonst auch seine Riechleistung leidet.

Der Hund kann nur riechen, wenn er auch einatmet und damit Luft über die Riechschleimhaut strömen lässt. Das hört sich jetzt simpel und logisch an. Außerdem atmet der Hund ja die ganze Zeit, werden Sie sagen. Diese kleine Tatsache muss man jedoch berücksichtigen, wenn der Hund einen bestimmten Geruch aufnehmen soll. Hält er nämlich dann, wenn man ihm einen Geruch präsentiert, gerade den Atem an, kann man nicht von ihm verlangen, dass er den Geruch auch wirklich wahrgenommen hat.

Bei heißem Wetter muss der Hund öfter trinken können, damit seine Riechleistung nicht leidet.

Einen bestimmten Geruchsstoff suchen

Während der Hund in dem vorherigen Beispiel einen bestimmten Gegenstand sucht, was dann auch immer derselbe Gegenstand ist, eben immer Ihr bestimmter Autoschlüssel oder Ihr Handy, kann er auch lernen, einen bestimmten Geruchsstoff zu suchen. Hier sucht der Hund alles, was nach diesem Stoff riecht, wobei das nicht immer derselbe Gegenstand sein muss.

Trüffel suchen

Ein Beispiel dafür wäre das Trüffelsuchen. Die Hunde suchen den Geruch »Trüffel« und nicht etwa immer den gleichen Trüffel. Da wir zwei Lagottos in unserer Schnüffeltruppe haben, liegt das Trüffelsuchen auf der Hand. Lagottos sind nämlich die typischen Trüffelsuchhunde. Das heißt aber nicht, dass nur Lagottos Trüffel suchen könnten. Da Hunde generell ja eine ziemlich gute Nase haben, kann man das auch anderen Rassen beibringen.

Trüffel suchen ist rassetypisch für den Lagotto Romagnolo.

Das oberste Ziel, das erreicht werden muss, ist, dass der Hund diesen zu suchenden Geruch obertoll findet. Die wirklichen Trüffelsucher in Italien oder Südfrankreich machen das, indem sie schon der säugenden Mutterhündin gemahlene Trüffel aufs Gesäuge streuen. Die Welpen verbinden also von Anfang an diesen Geruch mit dem schönen Gefühl, an der Milchquelle zu liegen.

Aber auch einem Hund, der den Geruch in der Welpenzeit noch nicht kennenlernen konnte, kann man ihn noch angenehm machen:

Schritt 1

So kann man ein Stück Trüffel zum Beispiel in ein gefilztes Spielzeug einarbeiten. Dieses Spielzeug soll nun für den Hund das Tollste überhaupt werden. Dazu müssen Sie im Spiel darauf achten, dass Sie immer dann aufhören, wenn der Hund eigentlich noch mehr will. Das Spielzeug hat er also nicht zur freien Verfügung, sondern er bekommt es häufiger am Tag für kurze, tolle Spielsequenzen. Beim Spielen sollten Sie darauf achten, dass Sie *mit* dem Hund spielen. Dafür eignet sich natürlich ein tolles Zerrspiel gut. Der Hund soll von Anfang an diesen später zu suchenden Geruch mit einem Spiel mit Ihnen verknüpfen. Anstelle von einem in ein Spielzeug eingearbeiteten Stück Trüffel können Sie auch Trüffelöl verwenden. Das ist billiger und erfüllt den gleichen Zweck. Ein bis zwei Tropfen auf einem Plüschspielzeug reichen aus.

Schritt 2

Haben Sie den Hund soweit, dass er ganz verrückt auf das Trüffelspielzeug ist, können Sie anfangen, im Spiel kleine Apportierübungen zu machen. Sie werfen es also mal weg und spielen erst weiter, wenn der Hund es wiedergebracht hat. Ein Lagotto macht so etwas in der Regel schon von Natur aus. Dafür wurde er gezüchtet. Macht er es nicht oder ist es ein anderer Hund, kann er das Apportieren aber auch lernen (siehe Viviane Theby & Lisa Peitz, »Dummytraining Schritt für Schritt«).

Schritt 3

Verlegen Sie diese Spielübungen jetzt in höheres Gras. Wenn Sie das Spielzeug geworfen haben, geben Sie schon Ihr späteres Suchkommando, zum Beispiel »Find Trüffel«. Denn jetzt muss der Hund seine Nase einsetzen.

Denken Sie daran, nie zu viel zu machen. Hören Sie mit dem Training immer auf, wenn es am schönsten ist. Dann kann der Hund die nächste Trainingseinheit gar nicht mehr abwarten und Sie können ihn zu einem eifrigen Arbeiter ausbilden.

Schritt 4

Bis jetzt hat der Hund immer noch gesehen, wie Sie das Trüffelspielzeug weggeworfen haben. In diesem Trainingsschritt werfen Sie erst das Spielzeug aus und nehmen dann den Hund an die betreffende Stelle.

Machen Sie das dort, wo Sie auch Schritt 3 überwiegend trainiert haben. Denn dann gibt der Ort dem Hund schon einen Hinweis, was er jetzt machen soll. Auch mit vielen Wiederholungen in Schritt 3 können Sie nämlich noch nicht voraussetzen, dass der Hund schon versteht, was er tun soll. Bisher war es das wegfliegende Spielzeug, das ein deutliches Zeichen für ihn war. In diesem Schritt ist das Zeichen weg.

Schritt 5

Hat der Hund an dieser ersten Stelle die Aufgabe verstanden, wechseln Sie die Orte. Auch jetzt kann es noch einmal sein, dass der Hund Sie mit vielen Fragezeichen ansieht, wenn Sie ihm das Kommando geben.

Als Belohnung für das Finden gibt es natürlich in allen Schritten ein ganz besonders tolles Spiel.

Schritt 6

Da die Trüffel unter der Erde wachsen, ist es jetzt an der Zeit, das Spielzeug unter bestimmten Materialien zu verstecken. Dazu geeignet sind zum Beispiel Blätter im Wald, ein Haufen Rasenschnitt oder auch Sand. In diesem Schritt soll der Hund, außer dem Finden, sich auch noch mit Buddeln zu dem Spielzeug hinarbeiten. Belohnen Sie ihn schon mit der Stimme, während er buddelt. Dann gibt es natürlich das Spiel oder auch Futter als Belohnung.

Schritt 7

Jetzt wird das Trüffelspielzeug unter der Erde vergraben. Wir nähern uns also mehr und mehr der späteren wirklichen Aufgabe.

Schritt 8

Findet der Hund das Spielzeug schon unter der Erde, sollten Sie im nächsten Schritt noch daran arbeiten, dass er nicht wahllos in von Ihnen aufgeworfener Erde buddelt, sondern wirklich gezielt seine Nase einsetzt. Graben Sie also mindestens drei Löcher und werfen Sie sie wieder zu. Nur in einem davon ist das Spielzeug.

Schritt 9

Jetzt kommen Sie nicht drumherum, mit echten Trüffeln zu arbeiten, wenn das Trüffelfinden wirklich Ihr Ziel ist. Versuchen Sie, ob der Hund von sich aus einen vergrabenen Trüffel findet. Wenn nicht, geben Sie übergangsweise das Trüffelspielzeug dazu, das aber ab dann nicht weiter mit Trüffelöl behandelt wird.

Schritt 10

Jetzt müssen Sie mit Ihrem Hund nach Italien fahren oder nach Frankreich, wo die Trüffel natürlich vorkommen und sehen, was Ihr Hund gelernt hat.

Da man aber nur schwierig jemanden finden wird, der einem auch die Gegenden nennt, in denen sich das Trüffelsuchen lohnt, wird dieser letzte Schritt wohl nur wenigen vorbehalten bleiben.

Der Einsatz der Nase kann auch durchaus lukrativ sein, wie z. B. beim Trüffel suchen.

Damon sucht im Stroh das Trüffelspielzeug.

Im Stroh buddelt er danach ...

... und apportiert es.

Champignons suchen

Essen Sie gerne Pilze? Etwas häufiger als Trüffel findet man hier in unseren Breiten wohl Champignons. Der Übungsaufbau ist wieder der gleiche wie schon beschrieben. Zuerst lassen Sie einige Male das Motivationsmittel in unmittelbarem Zusammenhang mit den Pilzen finden. Besorgen Sie sich dafür frische Champignons und üben Sie am besten direkt auf der Wiese. Denn das wird ja der künftige Einsatzort. Im nächsten Schritt ist der Pilz ohne Motivationsmittel. Hier müssen Sie wieder daran denken, jedes Zögern zu belohnen, wie auf Seite 24 in Schritt 2 beschrieben. Parallel dazu trainieren Sie die Anzeige. Wie wäre es zum Beispiel mit einem Männchen-Machen vor dem Pilz? Das sehen Sie gut von weitem auf der Wiese. Natürlich ist das nur ein Vorschlag. Hinsetzen oder Hinlegen ginge auch. Beim Apportieren gäbe es eventuell zu viel Bruch. Und wer weiß, was passiert, wenn der Hund versehentlich einen Knollenblätterpilz findet ...!

Zunächst sollte der Hund also das Männchen-Machen lernen. Wenn er das kann, zeigen Sie ihm einen Champignon als neues Kommando und geben dann das Kommando zum Männchen-Machen. Das üben Sie solange, bis der Hund allein auf den Champignon hin schon Männchen macht. Während Sie

Wie wäre es mit Männchen-Machen als Anzeige bei der Pilzsuche?

Silas startet zur Champignonsuche.

Halt, da war doch was!

Silas zeigt deutlich die gefundenen Champignons an.

ihm in den ersten Schritten den Champignon noch hingehalten haben, legen Sie ihn dann auf den Boden. Klappt auch das, führen Sie den Hund zu am Boden liegenden Champignons. Wenn das klappt, können Sie die Pilze in Schritt 3 Ihrer Suchübung einbauen.

Achten Sie bitte wieder sehr darauf, dass keine Spuren zu den von Ihnen versteckten Champignons führen. Im Ernstfall hat der Hund die nämlich auch nicht als Hilfestellung zur Hand. Als nächster Trainingsschritt ist es sinnvoll, die Pilze von einer Hilfsperson, am besten mit einer Grillzange, auslegen zu lassen, damit sie nicht Ihren Geruch tragen. Es ist wohl bei gekauften Pilzen nicht machbar, dass sie überhaupt keinen menschlichen Geruch an sich haben, aber auf diese Weise können Sie den möglichst gering halten. In diesem Ausbildungsschritt sollten Sie darauf achten, dass sich in dem Suchgebiet keine fremden Pilze befinden. Auch sollten Sie überprüft haben, ob eventuell wirklich Champignons vorhanden sind. Sie sollten die Standorte in diesem Schritt noch kennen, damit Sie dem Hund mit der Anzeige helfen können.

Haben Sie den Hund soweit vorbereitet, kann die Pilzzeit beginnen, und Sie können hoffentlich die Früchte Ihrer Arbeit ernten. Es könnte noch sein, dass der Hund anfangs Schwierigkeiten hat, weil die Pilze, die in Ihrer Umgebung wachsen, etwas anders riechen als die gekauften, je nachdem welchen spezifischen Geruch der Hund als Pilzgeruch verknüpft hat. Aber nach einigen Wiederholungen mit den Pilzen auf der Wiese dürfte das kein Problem mehr sein. Denken Sie daran, auch den Hund fürstlich zu belohnen, wenn er Ihnen einen gefüllten Korb voll Pilze zusammengesucht hat!

Nach dem gleichen Prinzip werden zum Beispiel auch Rauschgift- oder Sprengstoffspürhunde ausgebildet.

Auch die Flächen- oder die Trümmersuche in der Rettungshundearbeit werden so aufgebaut. Der Hund lernt also, einen bestimmten Ort nach einem bestimmten Geruch abzusuchen.

Der Fantasie sind bei dieser Form des Trainings wieder keine Grenzen gesetzt. Wie wäre es zum Beispiel, wenn Sie Ihrem Hund beibringen würden, Alkohol anzuzeigen und damit zu melden, wenn Herrchen einen getrunken hat?!

Inzwischen gibt es auch Schimmelspürhunde, die dazu ausgebildet sind, in Gebäuden nach Schimmelpilzen zu suchen. Das ist ein Gebiet, auf dem der Hund jeder Technik voraus ist.

Dasselbe gilt für den Hund als Rauchmelder. Auch das ist ein sehr sinnvolles Einsatzgebiet der Hundenase.

Wo ist Walnussöl?

1. Zuerst überlegen Sie sich, was der Hund machen soll, wenn er später den richtigen Geruch gefunden hat. Jetzt (siehe Seite 34 ff) wird also zunächst die Anzeige trainiert. Nehmen wir als Beispiel Walnussöl. Bei Walnussöl soll der Hund liegen. Geben Sie das Walnussöl in eine Dose oder ein Marmeladenglas mit Löchern.

2. Legt sich der Hund zuverlässig bei der Walnussöldose hin, kommt als Nächstes eine neutrale Dose dazu. Stellen Sie die zunächst weiter weg auf, so dass der Hund wahrscheinlich die gefüllte Dose wieder anzeigt und keinen Fehler macht. Üben Sie das in verschiedenen Variationen.

3. Allmählich werden die beiden Dosen nebeneinander aufgestellt. Jetzt muss der Hund wirklich verstehen lernen, dass es um den Walnussölgeruch geht. Wahrscheinlich wird er sich auch einmal bei der neutralen Dose hinlegen. Dann wird er nicht belohnt. Bei der Walnussöldose gibt es eine ganz besondere Belohnung. Üben Sie das so lange, bis der Hund in acht von zehn Durchgängen die richtige Dose anzeigt.

4. Jetzt kommt eine zweite neutrale Dose hinzu. Achten Sie immer darauf, dass Sie wissen, welche die Walnussöldose ist, wenn möglich, ohne sie zu markieren. Denn sonst könnte der Hund ja wieder mit seinen Augen arbeiten. Oder vielleicht riecht er auch den Markierungsstift und denkt, er müsste den anzeigen.

5. Ergänzen Sie so viele neutrale Dosen, wie es Ihnen für diese Aufgabe gefällt. Es bietet sich an, sie weit genug in einer Reihe auseinander aufzustellen, so dass die Anzeige des Hundes eindeutig ist.

6. Sind Sie sich sicher, dass der Hund den richtigen Geruch anzeigt, fügen Sie das Kommando ein, zum Beispiel »Such Walnuss«. Geben Sie ab dann immer das Kommando, bevor Sie den Hund für diese Aufgabe losschicken.

7. Als Nächstes können Sie noch in die anderen Dosen andere Ölsorten einfüllen und den Hund das Walnussöl aus mehreren Ölsorten raussuchen lassen.

8. Ein wichtiger Trainingsschritt ist, dass Sie mit einer Hilfsperson arbeiten, so dass Sie dann mal nicht wissen, welches die richtige Dose ist und sich auf Ihren Hund verlassen müssen. Anfangs gibt Ihnen die Hilfsperson ziemlich schnell Feedback, ob der Hund richtig anzeigt. Je mehr Vertrauen

Sie in den Hund bekommen, desto mehr können Sie sich dann sicher sein und das Feedback kann später kommen.

9. Auf diese Art und Weise können Sie dem Hund einen weiteren oder sogar noch mehr Gerüche beibringen, um dann wieder zu testen, ob er Sie wirklich versteht, wenn Sie zum Beispiel sagen »Such Olivenöl« und in der Dosenreihe ist sowohl die Dose mit Walnussöl als auch die Olivenöldose.

Wichtig:
Achten Sie gut darauf, dass die neutralen Dosen wirklich neutral sind, also keinen Walnussölgeruch aufweisen. Bewaren Sie dafür die Walnussöldose am besten extra in einer zu schließenden Plastiktüte auf. Fassen Sie auch die Dosen mit unterschiedlichen Händen an, die Walnussöldose zum Beispiel mit rechts, die anderen mit links. Dann können Sie ziemlich sicher sein, dass sich kein Geruch überträgt. Sonst kann das den Hund nämlich verwirren. Das Problem ist dabei, dass wir das nicht riechen können. Wir müssen also sehr sorgfältig mit dem Geruch umgehen.

Eine Hundehalterin hat das Walnussöl mal mit Apportieren als Anzeige trainiert. Dafür hat sie das Öl auf Stofffetzen geträufelt. Die Stofffetzen bestanden aus einem zerschnittenen T-Shirt. Brachte der Hund also den Kragen des T-Shirts, wusste ich, dass es das Walnussöl war.

Das Arbeiten mit dem Targetduft

In England gibt es schon länger eine sehr schöne Turnierart, nämlich Klickerturniere. Inzwischen verbreiten die sich auch hier bei uns. Dabei bekommen Teams mit beispielsweise vier Leuten und ihren Hunden Aufgaben gestellt, die sie mit Klicker lösen sollen, wie zum Beispiel die Wäsche von der Leine zu holen. Meistens ist unter diesen Aufgaben auch eine Schnüffelaufgabe dabei, zum Beispiel dass der Hund ein Quietsche-Entchen finden muss, das unter einem von neun Hütchen versteckt ist oder Ähnliches. Um auf solche Aufgaben bestens vorbereitet zu sein, wäre eine Möglichkeit, dem Hund das Suchen eines Targetdufts beizubringen, der ihm immer als Ziel dient. Ihr Targetduft könnte zum Beispiel Walnussöl sein. Wenn der Hund gelernt hat, das deutlich anzuzeigen, brauchen Sie nur den in der jeweiligen Aufgabe zu suchenden Gegenstand mit etwas Walnussöl zu bestreichen.

Das ist zum Beispiel auch eine Lösung für bestimmte Aufgaben bei einem zukünftigen Schnüffelturnier. Es vereinfacht manche Aufgaben erheblich.

Auch bei der Zaubervorführung mit Hund (s. S. 124) finden Sie Aufgaben, in denen ein Targetduft sehr brauchbar ist. Der Fantasie im Gebrauch eines Targetduftes sind kaum Grenzen gesetzt. Wie wäre es zum Beispiel, wenn Sie den Targetduft für die Begleithundeprüfung als Hilfe einsetzen, damit der Hund schön zu Ihnen hinsieht? Das fällt keinem auf. Sie müssen nur etwas mit der geeigneten Stelle experimentieren: zum Beispiel im Bereich Ihres Bauchnabels oder etwas weiter links unten. Schließlich soll der Hund Sie ja auch nicht bedrängen.

Begleithundeprüfung

Das Training:

Schritt 1

Wählen Sie zunächst einen geeigneten Duft aus. Der sollte nicht so alltäglich sein, wie etwa Bratwurstduft. Schließlich soll der Hund nicht zu jeder Frittenbude rennen.

Schritt 2

Nehmen wir jetzt unser Walnussöl. Geben Sie etwas davon in ein Glas oder in ein Glas mit Deckel, der einige Löcher enthält. Wann immer Ihr Hund Interesse für dieses Glas zeigt, bekommt er einen Klick und seine Belohnung.

Schritt 3

Jetzt überlegen Sie sich eine mögliche Anzeige. Natürlich ist wieder jede Form der Anzeige möglich. Wenn Sie mit dieser Methode jedoch die Begleithundeprüfung bestehen wollen, ist ein »Platz – Bleib« nicht so günstig. Wie wäre es zum Beispiel damit, dass der Hund mit der Nase am Duft »kleben« bleibt und mit dem Schwanz wedelt?

Diese Anzeige wird also jetzt in diesem Schritt trainiert. Zögern Sie dazu den Klick immer etwas heraus, solange der Hund die Nase noch am Walnussöl hat, bis er das dann auch über einen längeren Zeitraum zeigt. Arbeiten Sie auf diese Art mit dem Klicker, haben Sie das Schwanzwedeln meist schon automatisch.

Schritt 4

Bauen Sie nun diese Anzeige vor dem Walnussöl auf. Damit der Hund wirklich verstehen lernt, was gemeint ist, sollten Sie die Grundlage für das Öl variieren: Mal ist es also im Glas, mal auf dem Quietsche-Entchen, mal auf einem Stück Stoff und so weiter. Eine schöne Herausforderung ist das Walnussöl auf einem Stück Fleischwurst!

Schritt 5

Jetzt sollte der Hund das Walnussöl unter mehreren gleichen Gegenständen herausfinden. Also von beispielsweise drei Marmeladengläsern enthält nur eines das Öl. Dieses eine soll der Hund anzeigen. Oder das »duftende« Quietsche-Entchen ist unter den Blumentöpfen versteckt (siehe Blumentopfspiel, Seite 112). Unter welchem ist es?

Jetzt können Sie dem Hund die unterschiedlichsten Aufgaben mit dem Targetduft stellen.

Beispielaufgaben:

- Wann immer der Hund schnell verstehen soll, dass er einen bestimmten Gegenstand aus mehreren heraussuchen soll, kann dieser Gegenstand mit dem Targetduft markiert werden. Soll der Hund zum Beispiel aus einer Reihe beliebig ausgelegter Werkzeuge den Hammer bringen, wird der mit Targetduft markiert.

- Soll der Hund der Reihe nach bestimmte Gegenstände ablaufen, von denen er einen aber noch nicht kennt, kann man den einfach mit Targetduft markieren und hat so eine Verständigungsmöglichkeit, ohne dass man lange trainieren muss.

- Mit dem Targetduft lassen sich auch bestimmte Orte markieren, die man so dem Hund deutlich machen kann.

5 Verlorensuche

Es ist überaus nützlich, wenn man einen Hund hat, der einen verlorenen Gegenstand suchen und anzeigen kann.

Voraussetzungen sind die Übungen »Der Hund sucht sein Motivationsmittel« und »Freie Suche eines bestimmten Gegenstandes« aus dem ersten Kapitel. Sobald der Hund gelernt hat, einen bestimmten Gegenstand recht sicher zu verweisen (Schritt 3 in »Freie Suche eines bestimmten Gegenstandes«), lassen Sie ihn einen neuen Gegenstand anzeigen, damit er sich gar nicht auf einen zu sehr festlegt.

Wenn Sie beide Übungen parallel machen wollen, ist das durchaus möglich. Hier sind wieder unterschiedliche Signale sinnvoll, die dem Hund deutlich machen, dass das zwei verschiedene Aufgaben sind. So können Sie zum

Wie wäre es, wenn der Hund Ihnen bei der Müllsuche hilft und Sie beide damit einen Beitrag zum Umweltschutz leisten?

Beispiel den bestimmten Gegenstand zunächst mal in der Wohnung suchen. Die Verlorensuche würde man sofort im Gelände beginnen. Denn dort wird sie später gebraucht.

Machen wir uns zunächst einmal klar, was der Hund dabei lernen soll. Der Hund soll eine bestimmte Gegend absuchen, nach irgendeinem nach Mensch riechenden Gegenstand. Warum ist es so wichtig, dass wir uns die Aufgabe klar machen? Natürlich wieder für das Training. Denn wissen wir nicht genau, was wir wollen, wie sollen wir es dem Hund dann beibringen?

Der Hund sucht hierbei also nicht einen bestimmten Gegenstand, sondern alles, was nach Mensch riecht oder vielleicht auch alles, was nicht in die Umgebung passt.

Wieder können wir ja nicht genau sagen, was er verknüpft. Man könnte diese Übung also auch nennen: »Zeige mir alles, was nicht dahin gehört!«

Schicken wir den Hund also auf einer Wiese einen verlorenen Schlüssel suchen und er kommt mit einer Coladose an, müssen Sie ihn natürlich belohnen! Denn auch damit hat er die Aufgabe richtig gemacht. Belohnen Sie ihn also und schicken Sie ihn erneut los. Je nachdem in welcher Gegend Sie den Hund suchen lassen, ist es vielleicht ganz sinnvoll, eine Mülltüte dabei zu haben. Dann leisten Sie beide einen Beitrag zum Umweltschutz!

Wenn man sich klar macht, was der Hund bei dieser Übung lernt, ist auch verständlich, weshalb Sie ihn nicht in der Wohnung suchen lassen können. Dort riecht nämlich alles nach Mensch. Hat Ihr Hund verknüpft, alles zu suchen, was nicht in die Umgebung passt, kann er unter Umständen etwas von einer fremden Person suchen, die etwas in Ihrer Wohnung verloren hat. Das käme dann auf einen Versuch an (siehe Forschungsaufgabe Nr. 2 auf S. 224). Denn wieder gilt: Wir können nicht vorhersagen, was der Hund letztendlich verknüpft.

Aber nun zum Aufbau der Verlorensuche:
Wir beginnen mit Schritt 4, weil die ersten drei Schritte mit der Aufgabe »Freies Suchen eines bestimmten Gegenstandes« (Seite 23) identisch sind, mit dem Unterschied, dass Sie sie direkt draußen im Gelände beginnen.

Schritt 4

Führen Sie jetzt das Kommando und das Ritual für »Such verloren« ein. Das könnte zum Beispiel sein, dass Sie sich zum Hund hinunterbeugen und mit der Hand neben seiner Nase die Suchrichtung angeben.

Wenn Sie mehrere Übungen parallel trainieren, empfehlen wir Ihnen, die Kommandos und Rituale genau aufzuschreiben, damit Sie sie auch immer beibehalten.

Schritt 5

Lassen Sie den Hund nun einen neuen Gegenstand suchen. Das ist wieder ein ganz entscheidender Schritt in der Ausbildung! Beobachten Sie den Hund bei der Suche genau. Sobald er bei dem neuen Gegenstand zögert, wird er mit einem Jackpot belohnt. Die meisten Hunde zögern wenigstens kurz, und das gilt es einzufangen.

Schritt 6

Arbeiten Sie in dieser Art mit unterschiedlichen Gegenständen, die zunächst noch alle Ihren Geruch tragen, solange, bis der Hund sicher anzeigt.

Schritt 7

Bitten Sie nun eine Hilfsperson, Ihre Gegenstände eine Weile in den Händen zu halten und dann zu »verlieren«. Auf diese Weise führen Sie den Hund langsam an fremde Gerüche. Toll ist es, wenn Sie das mit mindestens fünf verschiedenen, dem Hund teilweise völlig fremden Menschen machen können.

Schritt 8

Jetzt ist es an der Zeit, Gegenstände von fremden Personen suchen zu lassen. Wenn also mal eine andere Person mit Ihnen spazieren geht, bitten Sie sie, unterwegs etwas zu »verlieren« und schicken Sie Ihren Hund dann zurück zum Suchen. Das ist jetzt wieder so ein entscheidend neuer Schritt in der Ausbildung, bei dem Sie sehr aufpassen müssen. Auch hier gilt wieder, dass die meisten Hunde diesen fremden Gegenstand wenigstens kurz wahrnehmen. Und das müssen Sie wieder einfangen! Natürlich gibt es dann einen Jackpot, also eine ganz besonders tolle Belohnung!

Schritt 9

Üben Sie nun mit vielen unterschiedlichen Gegenständen von unterschiedlichen Personen.

Diese Personen müssen nicht immer mit Ihnen spazieren gehen. Sie können sich auch Dinge ausleihen, die Sie sich in eine Tüte mit Zippverschluss stecken lassen. Damit können Sie auch fremde Gegenstände mitnehmen, ohne dass Sie sie anfassen müssen.

Schritt 10

Üben Sie an vielen unterschiedlichen Orten.

Schritt 11

Üben Sie mit Gegenständen, die schon unterschiedlich lange im Gelände liegen (s. Forschungsaufgabe Nr. 1, S. 224).

Hier lässt sich die Hundehalterin einen fremden Gegenstand zum Training geben. Hat der Hund mit ganz fremden Gegenständen noch Schwierigkeiten, kann man sie als Hundehalter kurz anfassen, um einen Zwischenschritt ins Training einzubauen.

KÖNNEN SIE ETWAS VERLIERN?
DAS HAT ALLES MEIN HUND GEFUNDEN. TOLL, WAS?

Mögliche Schwierigkeiten:

Den Hund interessiert ein neuer Gegenstand überhaupt nicht. Er beachtet ihn nicht, sondern sucht nur nach dem, den er bisher gesucht hat. Es ist auch kein kurzes Zögern zu beobachten oder Sie haben es beim ersten Mal verpasst und nun zeigt der Hund es nicht wieder.

Wiederholen Sie die Schritte 1 - 3 mit dem neuen Gegenstand, allerdings schon mit dem Ritual aus Schritt 4. Das müssen Sie unter Umständen mit mehreren Gegenständen machen, bis Schritt 6 sicher klappt.

Der Hund zeigt alles mit Ihrem eigenen Geruch sehr schön an, nicht aber etwas von einer fremden Person.

Sie können entweder die Schritte 1 - 3 noch einmal wiederholen, diesmal eben sofort mit fremden Gegenständen, oder Sie trainieren intensiver an Schritt 7. So könnte eine Hilfsperson Ihren Gegenstand anfangs nur kurz in den Händen haben, mit der Zeit aber immer länger oder vielleicht sogar eine Nacht mit nach Hause nehmen. Achten Sie darauf, dass Sie nicht nur mit einer Person üben.

Der Hund hat die Aufgabe zwar verstanden, sucht auch ganz schön, wenn er Lust hat. Oft hat er die aber nicht und interessiert sich für andere Dinge.

In diesem Fall muss die Motivation des Hundes gesteigert werden. Wichtig ist bei diesen Aufgaben, dass Sie dem Hund immer wieder deutlich machen, wie toll er ist, wenn er findet. Dann sollten einige Minuten Hund-Loben angesagt sein. Am besten trainieren Sie das vorher mal. Spielen Sie zum Beispiel mal drei Minuten mit Ihrem Hund! Das kommt einem ganz schön lange vor. Drei Minuten Belohnung sollte aber das Mindeste sein, wenn der Hund etwas für Sie gefunden hat! Das Geben von Leckerchen kann man übrigens auch ganz schön spielenderweise herauszögern. Lassen Sie den Hund dem Leckerchen in der Hand nachlaufen und machen Sie richtig Stimmung. Vergessen Sie das Loben in den höchsten (bitte wörtlich nehmen) Tönen nicht!

Verloren – Feinsuche

Im Unterschied zu der vorherigen Aufgabe sucht der Hund bei der Verloren – Feinsuche nur eine relativ kleine Fläche (etwa zehn bis hundert Quadratmeter) ab. Ein dafür ausgebildeter Hund ist sehr brauchbar, wenn zum Beispiel jemand einen kostbaren Ring oder Ohrring auf dem Rasen verloren hat. Bei dieser Feinsuche werden also recht kleine Gegenstände in einem markierten Feld gesucht. Warum wird diese Aufgabe überhaupt von der vorherigen unterschieden? Kann ein für die Verlorensuche ausgebildeter Hund denn nicht einen Ring in einem Rasen finden? Vielleicht. Versuchen Sie es einfach.

Wir unterscheiden die Übung deshalb, damit für den Hund deutlich ist, dass er bei der Feinsuche wirklich Zentimeter für Zentimeter absuchen soll. Es ist also eigentlich ein ganz anderes Arbeiten. Oft bieten Hunde von sich aus entweder die eine oder die andere Art der Arbeit an. Es kann aber auch durchaus ein Hund beide Suchformen lernen.

Laios sucht konzentriert den markierten Bereich ab.

Dafür ist wieder ein unterschiedliches Signal wichtig, damit der Hund deutlich unterscheiden kann, was von ihm erwartet wird. Bei der Feinsuche markieren wir die abzusuchende Fläche mit dem orange-weißen Absperrband, das wir auf die Erde legen. Wir beginnen das Training gerne mit kleinen Metallstückchen. Es können auch Münzen sein. Ringe oder Ohrringe kommen erst dann ins Spiel, wenn der Hund mit der Suche und der Anzeige ziemlich sicher ist. Die Trainingsschritte sind ansonsten die gleichen wie in der Verlorensuche. Bei der Anzeige ist zu überlegen, ob das Apportieren so sinnvoll ist. Schließlich könnte der Hund einen kleinen Gegenstand leicht verschlucken. Auf der anderen Seite ist auch das Apportieren sehr kleiner Gegenstände eine schöne Herausforderung. Wieder gibt es keine allgemeingültigen Vorgehensweisen. Jeder muss für sich die passende finden.

Es erfordert schon einiges an Übung, einen winzig kleinen Gegenstand aufzunehmen. Hätte das Bild Töne, könnten Sie die Anstrengung sogar hören.

Mögliche Schwierigkeiten bei der Verloren – Feinsuche:
Der Hund läuft einfach los, überrennt sämtliche Markierungen und sucht eher grob und nicht so fein, dass er kleine Gegenstände finden könnte.

Nehmen Sie den Hund an die Leine. Zeigen Sie ihm unter Umständen die sehr feine Suche Stück für Stück, indem Sie ihn wirklich jeden Zentimeter absuchen lassen. Erst wenn er das verstanden hat, können Sie ihn wieder ohne Leine suchen lassen.

Der Hund nimmt die kleinen Gegenstände einfach nicht wahr.

Sollte das der Fall sein, was relativ häufig vorkommt, muss man zunächst einen Trainingsschritt speziell dafür einbauen. Solche kleinen Teile spielen ja normalerweise im Leben des Hundes überhaupt keine Rolle. Er muss also zunächst lernen, wie wichtig sie uns sind. Hierfür kann der Klicker wieder gute Dienste leisten. Machen Sie zunächst mit einer Münze eine Art Targettraining (siehe S. 32). Wenn der Hund mit der Schnauze in Richtung Münze zeigt, gibt es einen Klick und die Belohnung. Verwenden Sie dabei ruhig schon das Kommando für die Feinsuche. Aus dieser Übung kann man auch sehr schön die Anzeige aufbauen. Wie wäre es zum Beispiel damit, dass der Hund sich hinlegen soll, mit der Nase auf dem Boden in Richtung des Gegenstandes, was oft als »Down« bezeichnet wird?

Klick … wenn er guckt.

Nase ca. 20 cm vor Münze – klick.

Nase an der Münze – klick.

Hinlegen vor Münze – klick.

Hinlegen und Nase an Münze – klick.

Dazu muss der Hund das Down natürlich erst mal unabhängig von der Targetübung lernen. Wie wäre es mit freiem Formen? Klickererfahrene Hunde lernen damit erstaunlich schnell. Bei dieser Art des Trainings muss sich der Hund das erwünschte Verhalten selbst erarbeiten. Mit dem Klicker kann man ihm zeigen, wann er sich auf dem richtigen Weg befindet. Ein solches Training könnte folgendermaßen aussehen: Zunächst gibt es also den Klick und die Belohnung dafür, dass der Hund in Richtung der Münze guckt. Wenn er das verstanden hat, werden die Kriterien erhöht und er muss sich als Nächstes mit der Nase der Münze nähern, sagen wir bis auf zwanzig Zentimeter. Hat er auch das verstanden, soll er sich weiter nähern, bis er schließlich die Münze mit der Nase berührt. Macht er das zuverlässig, werden die Kriterien wieder erhöht und der Hund muss sich – will er sich wieder eine Belohnung verdienen – zuerst hinlegen. Dann muss er sich hinlegen mit der Nase an die Münze. Sie verstehen das Prinzip! Wenn der Hund einen Trainingsschritt verstanden hat und durch die Wiederholungen gewöhnt ist, Leckerchen zu bekommen, wird ein Ausbleiben der Leckerchen zunächst Frust für ihn bedeuten. Vor lauter Frust versucht er, es noch besser zu machen, um es uns so richtig zu zeigen. Dabei gibt es dann oft den nächsten Schritt in die richtige Richtung, den Sie wieder mit Klick und Leckerchen belohnen können. So wird das erwünschte Verhalten Schritt für Schritt frei geformt. »Frei« deshalb, weil man dem Hund keinerlei Hilfestellung gibt, außer den Signalen mit dem Klicker, wenn er sich auf dem richtigen Weg befindet.

Eine andere Möglichkeit wäre, den Hund mit einem Leckerchen in die gewünschte Position zu locken und dann zu belohnen. Oder Sie können das gewünschte Verhalten einfangen, wenn der Hund es einmal von sich aus zeigt. Mit »einfangen« meinen wir wieder »zum genau richtigen Zeitpunkt belohnen«.

Zeigt der Hund das »Down« zuverlässig, wird das Kommando dafür eingeführt. Kann er das Wortkommando, kommt als Nächstes die Münze als neues Kommando dazu: Neues Kommando (Münze) -> Wortkommando. Führt der Hund alleine auf das neue Kommando, also die Münze, das Verhalten aus, dann können Sie es in die Suche einbauen.

Dummy-Arbeit

Bei der Dummy-Arbeit, wie sie hauptsächlich von den Retrievern betrieben wird, geht es neben dem Apportieren auch um die Verlorensuche. Der Dummy ersetzt im Training das Stück Wild, das die Hunde nach dem Schuss zum Jäger bringen sollen. Um die Hunde im Training möglichst gut auf die Anforderungen einer Jagd vorzubereiten, werden ihnen unterschiedliche Aufgaben gestellt.

Mit dem Dummy übt der Hund das, was er später mit der Ente können soll.

Oft sehen die Hunde bei der Jagd, wo das geschossene Wild hinfällt, das sie anschließend bringen sollen, das sogenannte Markieren. Manchmal sehen sie das aber auch nicht. Dann müssen sie nach Vorgabe des Schützen ein bestimmtes Gebiet absuchen und das darin befindliche Wild zum Jäger bringen. Die Hunde sollen sich dabei möglichst genau an den vorgegebenen Suchbereich halten, damit sie nicht weiteres Wild aufschrecken.

Natürlich üben nicht alle Retriever für den Ernstfall auf der Jagd. Für viele ist es nur eine schöne, sinnvolle Beschäftigung, weil sie für diese Aufgabe gezüchtet wurden. So kann die Dummy-Arbeit auch für jeden anderen Hund interessante Herausforderungen liefern, mit denen man den Hund sowohl körperlich als auch geistig beschäftigen kann. Die Verlorensuche mit dem Dummy ist natürlich wieder eine schöne Schnüffelaufgabe.

Die Aufgabe, die bei den Retrievern auch in Prüfungen bewertet wird, sieht dabei folgendermaßen aus: Das Suchgebiet ist ca. 50 x 50 Meter groß. Bei schwierigem Gelände kann es auch etwas kleiner sein oder bei leichtem entsprechend größer. In diesem Suchgelände sind zehn oder mehr Dummys verteilt. Von einer Seitenlinie, der Grundlinie, schickt der Hundeführer seinen Hund zur Verlorensuche. Findet der einen Dummy, soll er ihn aufnehmen und auf direktem Wege zu seinem Menschen bringen. Dann wird er wieder losgeschickt. Auf diese Art und Weise soll er unterschiedlich viele Dummys bringen. Meist sind aber viel mehr Dummys im Suchgebiet, als der Hund bringen soll.

Im Unterschied zu den bisherigen Aufgaben haben wir es also mit neuen Herausforderungen zu tun, die da wären:

- Der Hund soll hintereinander mehrere Gegenstände finden.
- Er soll die gefundenen Gegenstände auf direktem Weg zum Hundeführer bringen, auch ohne zu tauschen, wenn er an einem weiteren Gegenstand vorbeikommt.
- Er soll sich in unterschiedlich schwere Gelände schicken lassen.
- Er soll ein vorgegebenes Gelände gründlich absuchen, wobei der Hundeführer auf der Grundlinie bleibt.
- Er soll wissen, dass er Dummys suchen soll.

Fangen wir mit dem letzten Punkt an: Der Hund soll die Dummys suchen. Das klingt sehr banal. Aber ist es das? Zunächst müssen Sie sich als Hundeführer wieder Gedanken machen, was Sie genau dem Hund beibringen wollen. Haben Sie schon die Verlorensuche trainiert, können Sie entweder das gleiche Kommando beibehalten oder ein neues verwenden. Bei der Verlorensuche soll der Hund Ihnen alles anzeigen, was nach Mensch riecht. Da die Dummys auch nach Mensch riechen, ist das also das gleiche. Sollten Sie aber mit dem Gedanken spielen, einmal an einer Dummyprüfung mitzumachen, würden wir Ihnen ein neues Ritual mit einem neuen Kommando empfehlen. Es würde sonst während der Prüfung bestimmt zur allgemeinen Erheiterung führen, wenn Ihr Hund anstelle eines Dummys eine leere Flasche oder sonst was, das nach Mensch riecht, aus dem Suchgebiet bringt.

Für die neue Aufgabe muss der Hund also zunächst einmal lernen, was ein Dummy ist. Auch dazu lohnt es sich, sich wieder Gedanken zu machen, um spätere Fehler in der Ausbildung möglichst zu vermeiden. Ein Dummy ist also ein unterschiedlich großes sackförmiges Gebilde, das aus unterschiedlichen Materialien bestehen und unterschiedliche Farben haben kann, unterschiedlich stark gefüllt ist und schließlich noch unterschiedlich riecht. Ganz schön kompliziert. Und das alles soll der Hund unter dem Begriff Dummy verstehen! Sie verstehen jetzt sicher, dass das einiges an Training erfordert.

Wenn Sie schon die Verlorensuche trainiert haben, sollten Sie für die Dummyarbeit ein neues Kommando nehmen. Sonst könnte Ihr Hund bei der Prüfung für Überraschungen sorgen.

Schritt 1

Der Hund lernt Dummys zu apportieren. Das Trainieren des Apportierens ist in dem Buch »Dummytraining Schritt für Schritt« (Viviane Theby, Lisa Peitz, Kynos-Verlag) beschrieben, deshalb werden wir uns den Trainingsaufbau hier sparen. Wichtig ist aber, dass von Anfang an mit unterschiedlichen Dummys gearbeitet wird. Weiterhin ist wichtig, dass – sobald die Verhaltenskette des Apportierens aufgebaut ist – schon an der Geschwindigkeit gearbeitet wird. Der Hund soll zügig zum Dummy laufen und ihn auch schnell wieder zurückbringen. Wenn die Verhaltenskette, die ja aus den Einzelschritten des Apportierens besteht, von hinten aufgebaut wird, arbeiten wir von Anfang an dem entgegen, dass sich der Hund von einem anderen im Weg liegenden Dummy ablenken lässt. Denn das sollte er nicht. Er sollte nicht den Dummy, den er im Maul hat, gegen einen anderen eintauschen. Das kann man also schon gut in diesem ersten Schritt trainieren.

Das Training sollte so aufgebaut sein, dass Tauschen für den Hund sehr unattraktiv ist.

Schritt 2

Wenn der Hund unterschiedliche Dummys apportieren kann, werfen Sie ihm einen Dummy in ein Gelände, wobei er zusehen soll.

Wenn Sie ihn geworfen haben, schicken Sie den Hund aber nicht sofort zum Apportieren los, sondern gehen zunächst noch einige Minuten spazieren oder lassen ihn andere Übungen machen.

Nach einiger Zeit gehen Sie an den Ausgangspunkt, von wo Sie den Dummy geworfen haben und schicken den Hund mit dem Ritual für die Dummysuche – das Sie sich bis dahin ausgesucht haben sollten – los. Er wird sich daran erinnern, dass da eben der Dummy geworfen wurde und loslaufen, um ihn zu suchen. Wiederholen Sie diesen Schritt einige Male.

Schritt 3

In diesem Schritt sieht der Hund nicht mehr, wie der Dummy geworfen wird. Dadurch, dass Sie Schritt 2 aber einige Male wiederholt haben, wird der Hund Ihr Suchritual mit dem zu suchenden Dummy verknüpft haben und sich auf die Suche machen. Hat er diesen Trainingsschritt das erste Mal gut umgesetzt, zeigen Sie ihm, wie toll er ist. Das gibt natürlich einen Jackpot!

Schritt 4

Lassen Sie den Hund nun bewusst unterschiedliche Dummys suchen. Das ist wieder ein ganz entscheidender Schritt in der Ausbildung! Beobachten Sie den Hund bei der Suche genau. Sobald er Ihnen einen neuen Dummy bringt, wird er mit einem Jackpot belohnt. In diesem Schritt sollten die Dummys noch alle Ihren Geruch tragen, also Ihre eigenen sein oder schon der ein oder andere neue. Achten Sie aber auf unterschiedliche Farben, Stoffe und Füllungen, damit der Hund die ganze Bandbreite der Dummys kennenlernt.

Schritt 5

Bitten Sie nun eine Hilfsperson, Ihre Dummys eine Weile in den Händen zu halten und dann zu verlieren. Auf diese Weise führen Sie den Hund langsam an fremde Gerüche heran. Toll ist es, wenn Sie das mit mindestens einem halben Dutzend verschiedener Menschen machen.

Schritt 6

Jetzt ist es an der Zeit, Dummys von fremden Personen suchen zu lassen. Das ist jetzt wieder so ein entscheidend neuer Schritt in der Ausbildung, bei dem Sie sehr aufpassen müssen. Oft nehmen die Hunde einen so fremden Dummy zunächst gar nicht wahr, weil er nicht wie gewohnt riecht. Meistens zögern die Hunde aber kurz bei diesem fremden Dummy. Dieses erste Wahrnehmen sollen Sie schon belohnen, auch wenn der Hund den Dummy dann noch nicht gebracht hat. Damit zeigen Sie ihm, dass er auf dem richtigen Weg ist. Beim nächsten Versuch wird er ihn dann bestimmt auch apportieren.

Schritt 7

Üben Sie nun mit vielen unterschiedlichen Dummys von unterschiedlichen fremden Personen. Das ist unter Umständen ein logistisches Problem.

Bedenken Sie auch, dass der Hund die Leute aus der Übungsgruppe sehr schnell kennt. Das sind keine fremden Personen mehr. Vielleicht haben Sie aber einen Bekannten, der auch Dummyarbeit macht, aber zu weit weg wohnt, als dass Sie mit ihm zusammenarbeiten könnten. Vielleicht können Sie mit dem mal einige Dummys tauschen. Oder Sie bestellen sich einige neue Dummys und verteilen die, ohne dass Sie sie vorher angefasst haben, an alle möglichen Leute, mit denen Ihr Hund nichts zu tun hat. Nach einer Woche holen Sie sich die Dummys wieder ab. Lassen Sie sie in eine Plastiktüte mit Zippverschluss stecken, so dass Sie sie nicht anfassen müssen. Dann haben Sie neue fremde Dummys fürs Training.

Schritt 8

Bringt Ihr Hund sicher alle möglichen unterschiedlichen Dummys, dann ist es an der Zeit, mehrere auszulegen. Beginnen Sie mit dreien. Jedesmal, wenn er Ihnen einen gebracht hat, wird er belohnt und wieder neu auf Suche geschickt.

Schritt 9

Steigern Sie die Zahl der ausgelegten Dummys variabel. Mal liegen drei, mal fünf, mal zwei, mal vier, mal sechs und so weiter. Der Hund sollte nie vorhersagen können, wie viele Dummys er bringen soll, sonst wird er sich allzu schnell auf diese bestimmte Zahl festlegen und danach nicht weitersuchen wollen.

Schritt 10

Jetzt wird es Zeit, in unterschiedlich anspruchsvollen Geländen zu üben. Trainieren Sie also an vielen unterschiedlichen Orten. Haben Sie bis jetzt die Übungen vielleicht auf der Wiese gemacht, so wählen Sie jetzt höheres Gras oder Brachflächen als Suchgebiete. Haben Sie sich mit Ihrem Förster besprochen, können Sie bestimmt auch mal im Wald suchen lassen.

Alleine mit den unterschiedlichen Suchgeländen können Sie viele abwechslungsreiche Übungen aufbauen. Der Fantasie sind bei der Auswahl des Geländes kaum Grenzen gesetzt. Sie können den Hund auf ebener Erde suchen lassen, auf einem steilen Hang nach oben oder nach unten. Es kann ein Wasserlauf durch das Suchgebiet führen oder andere Herausforderungen. Steigern Sie wie immer die Anforderungen nur so weit, dass der Hund auch Erfolg haben kann.

Schritt 11

Üben Sie mit Dummys, die schon unterschiedlich lange im Gelände liegen. Es ist für den Hund nicht dasselbe, ob der Dummy erst fünf Minuten oder schon drei Stunden an seinem Ort liegt.

Der Hund soll nie vorhersagen können, wie viele Dummys er bringen soll.

Mögliche Schwierigkeiten:

Der Hund läuft immer über die Grenzen des Suchgeländes hinweg.

Eine kleine Strecke darf er natürlich auch über die Grenzen des Suchgeländes hinauslaufen. Manchmal ist das ja sogar von der Windrichtung her notwendig. Läuft der Hund aber ständig zu weit weg, ist es sinnvoll, ihm ein Kehrt-Kommando beizubringen, woraufhin er umdrehen soll. Oder rufen Sie den Hund zu sich zurück und setzen ihn neu an. Irgendwann wird er sich an die vorgegebene Größe halten.

Der Hund sucht immer nur vorne im Gelände und lässt den hinteren Teil aus.

Manche Hunde lösen sich nicht gerne vom Hundeführer. Ihnen fällt es schwer, im hinteren Bereich des Suchgeländes zu arbeiten. Mit einem solchen Hund sollte man nach und nach die Entfernung vergrößern, in der er einen Dummy findet. Erst, wenn er einen einzelnen Dummy in größerer Entfernung finden kann, ist es sinnvoll, ihn in ein Suchgebiet mit mehreren Dummys zu schicken.

Der Hund überläuft immer den vorderen Teils des Geländes und sucht erst hinten.

Das passiert in der Regel mit sehr energiegeladenen, übereifrigen Hunden. Es gibt mehrere Möglichkeiten. Eine davon ist, dass Sie den Hund so ansetzen, dass er einen Dummy aus der Nähe sofort in der Nase haben kann. Sie müssen also auf die Windrichtung achten und wissen, wo ein Dummy in der Nähe liegt.

Dabei ist wichtig, dass weiter hinten keine Dummys liegen, so dass der Hund kein Erfolgserlebnis hat, wenn er doch zuerst nach hinten läuft.

Eine nächste Möglichkeit ist die, dass Sie den Hund eine Weile an die lange Leine nehmen, bis er gelernt hat, auch in der Nähe zu suchen. Oder Sie gehen genau anders herum vor wie bei der vorherigen Schwierigkeit. Der Hund soll zunächst einen Dummy auf Entfernung suchen, die Sie dann nach und nach verringern. Erst, wenn er das an einem Dummy kann, wird er wieder in ein Gebiet mit mehreren Dummys geschickt.

Später im Training müssen Sie darauf achten, dass die Dummys immer gut verteilt sind, der Hund also immer wieder sowohl vorne als auch hinten suchen muss.

Der Hund lässt sich nur für einen Dummy motivieren. Danach hat er keine Lust mehr.

Dieses Problem stellt sich häufig, wenn über zu lange Zeit nur mit einem Dummy gearbeitet wird. Oder man findet es bei Hunden, die sowieso nicht so sehr für die Arbeit zu motivieren sind. Die Vorgehensweise ist die gleiche: Eine Möglichkeit ist, dass Sie nach einer Suche eine Pause machen, bis der Hund wieder fit ist. Danach darf er den nächsten Dummy suchen. Diese Pause wird dann von Mal zu Mal immer kürzer gehalten, bis sie schließlich ganz wegfällt.

Eine andere Möglichkeit ist die, dass Sie den Hund zunächst einen Dummy suchen lassen. Wenn er ihn bringt, lassen Sie einen in unmittelbarer Nähe auslegen, ohne dass der Hund ihn sieht. Schicken Sie ihn jetzt noch einmal zur Suche los, sollte er diesen Dummy sofort in die Nase bekommen. Damit hat er ein weiteres Erfolgserlebnis, das ihn bestimmt motivieren lässt.

Hunde, die sich übers Werfen motivieren lassen, kann man nach der Suche des einen Dummys auch einen zweiten ins Gelände werfen.

Später wird ähnlich mit einem dritten oder einen vierten Dummy verfahren. Dann ist es wichtig, dass Sie immer an einer unterschiedlichen Anzahl trainieren, damit sich der Hund nicht wieder auf eine bestimmte Zahl festlegt.

Der Hund wartet im Gelände auf Hilfen von seinem Menschen. Er »fragt«, wo er suchen soll.

Hier muss man zunächst hinterfragen, ob der Trainingsaufbau so war, dass der Hund die Übung auch wirklich schon verstanden hat. Nicht immer hat in der Beziehung der Hund die gleiche Auffassung wie wir. Wir müssen uns aber immer nach dem Hund richten. Sicherheitshalber würde man also die Trainingsschritte noch einmal durchgehen, um dem Hund die Aufgabe wirklich klar zu machen.

Ist das der Fall, darf man dieses Fragen natürlich nicht belohnen, indem man dem Hund dann hilft. Hunde sind natürlich auch gerne bereit, Energie einzusparen und nutzen nur zu gerne die Hilfen des Hundeführers. Tun Sie einfach so, als würden Sie das gar nicht bemerken. Hat er die Aufgabe verstanden, wird er schon weitersuchen.

Billy überspringt einen Graben.

Geruchsunterscheidung

Zu welch hervorragenden Leistungen unsere Hunde fähig sind, wird sehr schön in der Geruchsunterscheidung deutlich. Dabei geht es darum, dass der Hund aus mehreren Gegenständen einen mit einem etwas anderen Geruch herausfindet. Das kann zum Beispiel ein Gegenstand sein, den Herrchen oder Frauchen vor kurzem angefasst hat und der jetzt zwischen einigen anderen »neutralen« Gegenständen liegt, wie es zum Beispiel beim Obedience gefordert ist.

Sie brauchen dazu einige neutrale Gegenstände, die eben noch keinen speziellen Geruch an sich haben außer ihrem jeweiligen Eigengeruch. Ganz gut geeignet dazu sind Bierdeckel. Sicher finden Sie einen netten Wirt oder Wirtin, den Sie nach einer unangebrochenen Packung Bierdeckel fragen können. Die haben den Vorteil, dass sie billig sind und man hat eine große Anzahl vorrätig, damit also immer wieder geruchsneutrale zur Hand. Wenn man die Bierdeckel in der Hälfte knickt, kann der Hund sie auch wunderbar aufnehmen, falls Sie das Apportieren als Anzeige möchten.

Beim Knicken und beim Auslegen der Bierdeckel müssen Sie darauf achten, dass Sie sie nicht mit Ihren Geruch kontaminieren. Dazu eignen sich am besten Einmal-Plastikhandschuhe. Seien Sie beim Anziehen vorsichtig, dass Sie sie nicht von außen berühren, sondern nur an der Stelle, die dann später am Handgelenk sitzt. Eine andere Möglichkeit wäre, dass Sie mit einer Zange oder einer Pinzette arbeiten, was sich vor allem dann anbietet, wenn die Bierdeckel schon geknickt sind.

»Ist das nicht alles etwas übertrieben?«, werden Sie sich vielleicht jetzt denken. Das ist es ganz und gar nicht. Denn gerade am Anfang geht es darum, mit so wenig Geruchskontamination wie möglich zu arbeiten, schon alleine aus dem Grund, dass wir uns mit dem Hund verständigen können. Wir können ihm nun mal nicht sagen: »Nun bring mir bitte den Gegenstand, der nach mir riecht« oder »... der nach Mandelöl riecht« oder was auch immer wir gerne hätten. Denn der Hund versteht das nicht. Also müssen wir dafür sorgen, dass sich die Gegenstände auch wirklich nur in einem Geruch unterscheiden. Und wenn man sich die ganz besondere Riechleistung der Hunde vor Augen hält, ist das schon gar nicht so einfach. Es lohnt sich daher, in der Beziehung wirklich oberpingelig zu sein. Wir werden zwischendurch immer wieder darauf zurückkommen.

Wenn er zum Bierdeckel guckt – klick!

Wo ist dein Bierdeckel?

Jetzt geht es also los. Wie immer gibt es verschiedene Möglichkeiten, dem Hund eine Sache beizubringen. Mit der folgenden Übung werden wir Ihnen eine davon vorstellen. Zunächst geht es also darum, dass der Hund unter mehreren Gegenständen einen heraussucht, der seinen Geruch trägt. In diesem Beispiel wollen wir mit dem Apportieren als Anzeige arbeiten. Zunächst sollte der Hund also lernen, einen Bierdeckel in den Fang zu nehmen und Ihnen zu bringen. Entweder spielen Sie damit mit dem Hund und werfen ihn dann weg. Spielbegeisterten und apportierfreudigen Hunden dürfte das ausreichen, sie dazu zu bewegen, den Bierdeckel aufzunehmen und Ihnen wieder zu bringen. Für Hunde, die nicht so gerne spielen, leistet hier der Klicker gute Dienste. Zunächst bekommt der Hund Klick und Leckerchen, wenn er nach dem Bierdeckel guckt, dann wenn er ihn mit der Nase berührt, dann wenn er ihn ins Maul nimmt und schließlich, wenn er ihn zu Ihnen bringt. Das ist das einzige Stadium im Training, in dem Sie immer mit demselben Bierdeckel arbeiten dürfen.

Michaela klickt und belohnt den Blick zum Bierdeckel ...

... dann das Berühren mit der Nase, ...

... das Aufnehmen ins Maul ...

... und schließlich das Apportieren.

Diesen ersten »Trainings-Bierdeckel« können Sie dann auch schon für die erste Geruchsunterscheidung verwenden. Wenn der Hund Ihnen diesen Bierdeckel freudig und sicher bringt, legen Sie (am besten mit der Zange) einen zweiten, »frischen« in etwa 1,5 Metern Abstand. Loben Sie den Hund ausgiebig, wenn er Ihnen den richtigen Bierdeckel bringt. Das wird jetzt durch den großen Abstand des zweiten Deckels für den Hund einfach gemacht. Bringt er dennoch den falschen, wird er nicht beachtet. Ersetzen Sie den wieder durch einen frischen und wiederholen Sie die Übung. Schimpfen Sie nicht, wenn der Hund den falschen bringt. Er darf ruhig Fehler machen. Denn nur dadurch lernt er, was wir wirklich von ihm wollen.

Sehr sinnvoll für diese Übung ist ein Falsch-Signal, was dem Hund sagt, dass eine gewisse Handlung eben nicht zum Erfolg führt. Das ist aber keine Strafe, also auch kein »Nein«, was kräftig gebrüllt wird, sondern nur ein ganz

Zunächst wird die Übung für den Hund einfach gemacht, indem der »richtige« Bierdeckel viel näher liegt.

neutraler Hinweis. Ein gut trainiertes Falsch-Signal zusammen mit dem Klicker zum Zeigen des richtigen Weges stellen eine gute Verständigungsmöglichkeit mit dem Hund dar. Wichtig ist dabei, dass Sie das Falsch-Signal aber nicht zu oft geben müssen. Die Schwierigkeit der Übung ist richtig gewählt, wenn Sie in mehr als 70 % der Fälle den Klick geben können. Wenn das Falsch-Signal öfter als in 30 % der Fälle vorkommt, dann ist die Übung zu schwer. Sie sollten also noch mal einige Schritte in der Ausbildung zurückgehen.

Nach und nach werden die beiden Bierdeckel in unserer Übung immer näher zusammengelegt, bis schließlich nur noch wenige Zentimeter Abstand zwischen den Bierdeckeln liegen. Wenn der Hund in neun von zehn Versuchen den richtigen Bierdeckel bringt, legen Sie einen dritten dazu. Die Anzahl der Bierdeckel können Sie nun schrittweise beliebig steigern. Der Hund wird Ihnen dann auch noch aus einem ganzen Stoß den richtigen heraussuchen.

Bis jetzt hat der Hund seinen ganz bestimmten Trainingsbierdeckel gesucht. Das war ja aber eigentlich nur dazu da, ihm schon mal eine Idee von den Spielregeln zu geben. Jetzt geht es an die eigentliche Aufgabe.

Dazu müssen Sie zunächst eine Entscheidung treffen. Sie können Ihren Hund zu einem Spezialisten für einen ganz bestimmten Geruch machen, den er dann unter allen möglichen Bedingungen herausfindet. Oder Sie können sich dazu entscheiden, dass der Hund jeweils nach dem Geruch suchen soll, den Sie ihm vorgeben. Wichtig ist, dass Sie für sich wirklich ganz klar definieren, was der Hund am Ende tun soll. Denn nur dann können Sie ihn auch ganz klar zu dieser Aufgabe hinführen. Und immer wieder sollten Sie sich fragen, ob dieser Weg auch wirklich geeignet ist, dem Hund das beizubringen, was Sie letztendlich von ihm wollen.

Welchen Bierdeckel hatte ich in der Hand?

Für diese Übung brauchen Sie zunächst vier Bierdeckel, oder eben auch sonstige vom Geruch her gleiche Gegenstände, für die Sie sich entschieden haben. Zwei legen Sie möglichst mit Zange oder Plastikhandschuhen so aus, dass der Hund nicht zusehen kann. Die nächsten beiden nehmen Sie in die Hände und reiben sie einige Male gründlich darin. Behandeln Sie beide Gegenstände möglichst gleich. Einer von diesen beiden Gegenständen wird nun zu den anderen beiden neutralen gelegt. Der andere wird sozusagen Ihr Geruchsmuster für den Hund. Den zeigen Sie dem Hund, lassen ihn Geruch aufnehmen und schicken ihn dann los, den Gegenstand mit dem gleichen Geruch zu bringen oder auch anders anzuzeigen. Da es sich um Ihren Geruch handelt, können Sie diesen Mustergegenstand ruhig in der Hand halten. Später, wenn es an andere Gerüche geht, darf der Mustergegenstand zunächst nicht mehr mit Ihrem Geruch kontaminiert werden, bis der Hund gelernt hat, was von ihm erwartet

Tüddel sucht die Bierdeckel ab und zeigt den richtigen an, indem er sich davor hinlegt.

wird. Natürlich kann man auch ohne Muster arbeiten. Die Verwendung eines Geruchmusters hat den Vorteil, dass man dem Hund damit die unterschiedlichsten Sachen beibringen kann.

Hat der Hund gelernt, dass er den Bierdeckel mit Ihrem Geruch anzeigt, können Sie das weiter verfeinern, indem Sie die Bierdeckel durch andere Gegenstände ersetzen, die anfangs wirklich neu sein, also nicht aus Ihrem Haushalt stammen sollten. Später können das dann auch gebrauchte Gegenstände sein und der Hund soll den anzeigen, den Sie als Letztes in der Hand hatten.

Das können Sie dann ausdehnen auf die Anzeige von Gegenständen, die andere Menschen angefasst haben. Machen Sie wieder den gleichen Anfang mit den Bierdeckeln. Nehmen Sie zwei neutrale und zwei, die von einem Bekannten – anfangs ruhig längere Zeit – angefasst wurden. Einer dieser »kontaminierten« Bierdeckel dient wieder als Muster, der andere wird zu den neutralen gelegt. Hierbei sollten Sie jetzt sehr darauf achten, dass Sie die Bierdeckel nicht auch noch mit Ihrem Geruch kontaminieren. Arbeiten Sie also wieder mit Zange oder bitten Sie die andere Person, den zu suchenden Bierdeckel auszulegen.

Hat der Hund diese Aufgabe verstanden, wählen Sie als Muster irgendetwas, was nach dieser anderen Person riecht. Das könnte auch die Person selber sein. Diese Übung können Sie dann mit jedem Besuch wiederholen und nach und nach mit immer unterschiedlicheren Gegenständen.

Als Nächstes können Sie auch zwei Personen bitten, Gegenstände anzufassen, und dem Hund die Aufgabe stellen, zwischen den Personen zu unterscheiden. Der Fantasie sind hier kaum Grenzen gesetzt. Es macht den Hunden Spaß und Sie können sicher so manch einen Gast mit der Leistung des Hundes begeistern.

Was riecht hier nach Milch?

Außer Gerüchen von unterschiedlichen Menschen können Sie Ihren Hund beliebige andere erschnüffeln lassen. Sehr interessant sind auch solche Versuche, in denen Sie den Geruch immer weiter verdünnen, um herauszufinden, was der Hund noch entdeckt.

Nehmen wir wieder unser Bierdeckelbeispiel. Ihr Hund ist inzwischen mit dem Übungsablauf vertraut und Sie können ruhig vier, fünf oder auch sechs neutrale Bierdeckel auslegen. Für diesen Versuch werden aber auch die neutralen Bierdeckel »behandelt«: Nehmen Sie sich eine Schüssel Wasser und tauchen Sie die Bierdeckel kurz mit der Zange hinein, lassen Sie sie abtropfen und legen sie aus.

Dann nehmen Sie sich die Schüssel mit Wasser und geben von der Menge etwa ein Viertel an Milch dazu.

Milch wird mit Wasser vedünnt ...

... und dann der Bierdeckel eingetaucht.

Da tauchen Sie zwei weitere Bierdeckel ein, lassen sie genauso abtropfen, legen einen davon zu den neutralen und einen nehmen Sie als Mustergegenstand. Dann rufen Sie Ihren Hund dazu, zeigen ihm das Muster und lassen ihn die ausgelegten Bierdeckel absuchen. Sollte der Hund den falschen anzeigen, sagen Sie nicht »Nein« oder was auch immer, sondern beachten Sie ihn einfach nicht. Kommt er mit dem richtigen, wird er gelobt, als hätte er ein Weltwunder vollbracht. Wiederholen Sie diese Übung, bis der Hund in 90 % der Fälle den richtigen Bierdeckel anzeigt. Die neutralen Gegenstände können Sie dabei weiter verwenden, sofern der Hund sie nicht berührt hat. Auch die Milch-Bierdeckel können weiter verwendet werden, wenn der Hund nicht über Apportieren anzeigt und sie nicht berührt hat. Sonst machen Sie diese eben neu.

Hat der Hund die Aufgabe »Suche den Milch-Bierdeckel« verstanden, werden wir jetzt darangehen, das Milchwasser weiter zu verdünnen.

Für die nächste Übung nehmen Sie sich also wieder die Wasserschüssel – sagen wir mal mit zwei Litern Inhalt – und präparieren damit Ihre neutralen Bierdeckel.

Hatten wir eben ein Viertel der Menge an Milch dazugegeben, war das ein halber Liter. Jetzt nehmen wir einen viertel Liter.

Wiederholen Sie den Versuch wie oben beschrieben. Wenn der Hund wieder in 90 % der Fälle den richtigen Bierdeckel bringt, können Sie weiter verdünnen.

Wenn der Hund nur in 60 % der Fälle den richtigen Bierdeckel bringt, sollten Sie noch mal einen Schritt zurückgehen. Denken Sie daran, dass der Hund am meisten durch Erfolge lernt.

Wie weit können Sie jetzt das Milchwasser verdünnen, damit Ihr Hund immer noch den richtigen kontaminierten Bierdeckel herausfindet? Sie werden sicherlich erstaunt sein!

Auch hier können Sie sich wieder überlegen, was Sie wollen. Sie können den Hund auf diese Weise zu einem Spezialisten für einen bestimmten Stoff machen, den er unter allen möglichen Bedingungen herausriechen soll. Das könnte zum Beispiel die Milch sein. Wie sieht es aus, wenn sie gekocht ist? Zeigt der Hund einen Unterschied? Das könnte man eben zur Unterscheidung nutzen oder aber dem Hund beibringen, Milch in egal welchen Zuständen anzuzeigen, was sich zum Beispiel für Allergiker eignen könnte. Dann muss der Hund die Milch eben auch aus anderen Gemischen herausfinden, zum Beispiel in Pudding, in Eis, in einer Soße usw. Zur Präsentation eignen sich in dem Fall auch gut Gläser mit Deckel, die mit Löchern versehen sind. Aber gerade die Arbeit mit etwas Essbarem setzt einen hohen Trainingsstand voraus. Denn Sie müssen sich in dem Stadium sehr sicher sein, dass der Hund wirklich die Milch anzeigt und sich nicht nur freut, weil etwas sehr Leckeres in dem Glas ist.

Motiviert macht sich Silas an die Aufgabe, die Milch zu finden.

Noch mehr Geruchsunterscheidung

Die Menschen sind oft einerseits sehr beeindruckt von der Nasenleistung der Hunde und wagen sich andererseits kaum an eine so anspruchsvolle Aufgabe wie die Geruchsunterscheidung heran. Natürlich darf man auch beeindruckt sein! Es ist schon toll, was die Hunde so leisten. Aber so schwierig wie es zunächst den Anschein hat, ist diese Übung gar nicht. Um Sie davon zu überzeugen, fangen wir mit zwei einfachen Aufgaben an.

Feinschmeckerspiel

Für dieses Spiel brauchen Sie neun bis zwölf Holzhütchen (Bezugsadresse siehe Seite 226), in deren Boden sich jeweils ein kleines Loch befindet. Hier geht es jetzt darum, dass der Hund den Becher anheben kann. Er sollte ihn also ins Maul nehmen können.

Maja sucht ihr Leckerchen unter den Holzhütchen.

Nehmen Sie sich jetzt drei unterschiedlich gute Leckerchen. Das eine könnte das normale Futter des Hundes sein, dazu dann noch zwei spezielle Leckerchensorten. Stellen Sie die Hütchen wie »Alle Neune« auf und verteilen Sie die unterschiedlichen Leckerbissen darunter, so dass unter jedem Hütchen ein Leckerchen ist. Ihr Hund darf beim ersten Mal ruhig zuschauen. Dann lassen Sie ihn sein Lieblingsleckerchen wählen.

Hat er einen klaren Favoriten, wird er genau diese Becher als erste anheben. Das ist Geruchsunterscheidung. Jeder Hund kann das.

Sollten Sie einen Labrador oder etwas ähnlich Gefräßiges Ihr Eigen nennen, wird er wahrscheinlich alle Becher anheben. Das heißt dann nicht, dass er den Geruch nicht unterscheiden kann, sondern dass er einfach alles gerne frisst. Mit einem solchen Hund sollte man dieses Spielchen machen, wenn er satt ist, falls das denn mal vorkommt.

Mit nicht ganz so verfressenen Hunden können Sie auf diese Art und Weise schön überprüfen, was sie denn wirklich am liebsten mögen. Von daher ist das auch eine schöne Übung, das beste Motivationsmittel herauszufinden.

Wo ist die Leberwurst?

Das Feinschmeckerspiel können Sie noch etwas abwandeln. Unter den Hütchen oder auch unter Blumentöpfen (siehe Blumentopfspiel S. 112) gibt es ganz viele verlockende Leckerbissen wie zum Beispiel Schinken, Fleischwurst, Blutwurst und Leberwurst. Der Hund soll jetzt eine davon, in unserem Beispiel die Leberwurst, zuverlässig anzeigen.

Sie können es sich einfach machen und zuerst testen, welche Wurst der Hund denn am allerliebsten mag. Die wird er dann wahrscheinlich auch immer gut anzeigen. Sie können sich aber auch auf eine festlegen.

Nehmen wir also unsere Leberwurst. Der Hund darf sie einige Male alleine finden. Die anderen Hütchen oder Blumentöpfe sind also leer. Wenn der Hund das sicher macht, werden die anderen Wurstarten dazu genommen. Hierbei ist jetzt zu beachten, dass der Hund die nie bekommt. Die Hütchen kann man mit Zeltheringen feststecken, die Blumentöpfe so groß wählen, dass der Hund sie nicht umwerfen kann. Nur wenn er Leberwurst anzeigt, helfen Sie ihm und belohnen ihn damit.

Das können Sie dann unter Wortkommando setzen. Wenn Sie fleißig sind und Lust dazu haben, trainieren Sie anschließend den Schinken bis aufs Wortkommando und so weiter und so fort. Dann kann Ihr Hund am Ende verschiedene Wurstarten auseinanderhalten, was ihm sicher einiges an Bewunderung einbringt.

Finde deine Leine

Das ist ein schönes Spiel, um es mit einer Gruppe von Hunden zu spielen. Zuerst muss jeder Hund lernen, seine Leine zu apportieren. Geht die Haustüre vor dem Spaziergang immer erst dann auf, wenn der Hund Ihnen die Leine gebracht hat, ist das normalerweise schnell beigebracht.

Im nächsten Schritt muss der Hund dann noch lernen, dass »Bring deine Leine« nicht nur an der Haustüre, sondern auch an anderen Orten gilt. Üben Sie also zunächst ohne Ablenkung an verschiedenen Stellen.

Praktisch: Ein Hund, der seine Leine aus vielen anderen herausfindet.

Hat der Hund die Aufgabe gut verstanden, ist er bereit für das nächste Geruchsunterscheidungsspiel.

Legen Sie zusammen mit mehreren Hundehaltern Ihre Leinen alle auf einem Platz zusammen aus. Schicken Sie dann die Hunde hin, ihre Leinen herauszusuchen. Wenn sich die Hunde sehr gut kennen und verstehen, kann man das ruhig alle zusammen machen lassen. Erwarten Sie Streitereien, schicken Sie die Hunde lieber nacheinander los.

Wir haben ein solches Spielchen einmal mit Maulkörben gemacht. Jeder Hund sollte also aus einer Kiste seinen Maulkorb bringen. So etwas beeindruckt dann schon. Nicht nur, dass der Hund seinen eigenen Maulkorb findet, nein, er läuft auch noch sehr freudig zu diesem Teil, bringt ihn zu seinem Besitzer und lässt ihn sich anziehen. Da sieht man, was ein gutes Maulkorbtraining bewirken kann!

Bringt der Hund bei diesem Spielchen nicht seine Leine (oder Maulkorb), sondern eine andere, übersehen Sie das einfach und schicken Sie ihn noch einmal los, seine Leine zu bringen. Ist er zu abgelenkt mit den anderen Hunden, sollten Sie ihn schrittweise an dieses Ziel heranführen. Zunächst könnten Sie das mit der Leine eines anderen Hundes trainieren, die Sie zu der Leine Ihres Hundes auslegen lassen. Wenn das gut klappt, darf der andere Hund auch dabei sein. So steigern Sie nach und nach die Anzahl der Leinen und der Hunde.

Noch ein Tipp zu den Leinen: Wickeln Sie die Leine so auf, dass der Hund sie gut aufnehmen kann. Damit verhindern Sie außerdem, dass es »Leinensalat« gibt und die Hunde den Haufen Leinen später nicht mehr entwirren können.

Tannenzapfenspiel

Das nächste Spiel, das zeigt, wie einfach die Geruchsunterscheidung ist, ist das Tannenzapfenspiel. Die allermeisten Hunde kennen das und haben das schon oft mit ihren Menschen gespielt, sofern sie gerne apportieren. Nur haben die Menschen dabei meist gar nicht erahnt, was der Hund dabei leistete.

Gehen Sie in einen Wald, wo viele Tannenzapfen auf dem Boden liegen. Zur Not tun es auch Stöckchen. Nehmen Sie sich dann einen Tannenzapfen, halten ihn kurz in den Händen, zeigen Sie ihn dem Hund und werfen ihn weg. Der Hund wird hinterherlaufen und genau diesen Tannenzapfen zurückbringen. Das ist Geruchsunterscheidung! Auch dabei sucht er unter mehreren genau den richtigen, nämlich den mit Ihrem Geruch heraus. Tolle Leistung, oder? Und doch so einfach!

Für die Hunde, die nicht so gerne apportieren, kann man diese Übung aber auch noch etwas abwandeln, damit auch die in den Genuss dieses Spielchen kommen können.

Schritt 1

Lassen Sie von einer Hilfsperson zehn bis fünfzehn Tannenzapfen in etwa 30 cm Abstand voneinander auf dem Boden verteilen. Haben Sie keine Hilfsperson, können Sie sich auch eine Grillzange mit in den Wald nehmen und das ganze selber machen. Wichtig ist, dass Sie diese Tannenzapfen nicht berühren!

Dann nehmen Sie sich einen Tannenzapfen und halten ihn eine Weile in Ihren Händen, so dass dieser gut Ihren Geruch aufnehmen kann. Lassen Sie den Tannenzapfen mit Ihrem Geruch jetzt von der Hilfsperson zwischen die anderen Zapfen legen. Beim ersten Mal darf der Hund dabei ruhig zusehen. Muntern Sie ihn auf zum Suchen. Sobald er mit der Nase an dem richtigen Zapfen ist, wird er überschwänglich gelobt.

Anfangs kann das noch Zufall sein. Nach einigen Wiederholungen wird er das Spielchen verstanden haben. Dann wird er Ihnen den richtigen Tannenzapfen zeigen.

Schritt 2

In diesem Schritt wird der Tannenzapfen ausgelegt, ohne dass der Hund zusieht. Spätestens jetzt sollten Sie sich die Anzeigenform überlegt haben. Soll er sich davor hinlegen? Soll er den zu suchenden Zapfen mit der Pfote berühren? Haben Sie sich entschieden, üben Sie zunächst die Anzeige und bauen sie dann in die Übung ein.

Mögliche Schwierigkeiten in der Ausbildung:

Den Hund interessieren die Tannenzapfen überhaupt nicht.

Solche Hunde gibt es. Bei einigen hat man Glück, dass die sich dann aber wenigstens für den Geruch ihres Menschen interessieren und die Übung trotzdem klappt. Manche sind zunächst gar nicht zu motivieren. Einem solchen Kandidaten muss man zunächst zeigen, dass es äußerst lohnend für ihn ist, wenn er sich für diese komischen Dinger interessiert. Am besten geht das wieder mit dem Klicker. Tannenzapfen angucken -> Klick -> Leckerchen. Genau diesen Zapfen nehmen Sie anschließend für die Suchübung. Diesen Zapfen soll er Ihnen aus den anderen herauszeigen. Erst wenn das gut klappt, machen Sie diese Übung mit einem neuen Zapfen, der eben nur Ihren Geruch tragen soll und nicht mehr den des Hundes, weil er den eben noch nicht berührt hatte.

Der Hund findet einfach alle Zapfen toll und bringt immer den nächstbesten oder gar mehrere.

Bei apportierfreudigen Hunden hat man das öfter. Für sie eignet sich eben alles zum Apportieren. In ihrem Eifer nehmen sie den geruchlichen Unter-

Andor sucht den Zapfen, den sein Frauchen geworfen hat.

schied dann gar nicht wahr. Hat man einen solchen Hund, sollte man zunächst sicherstellen, dass er genau den richtigen Zapfen bringt. Eine Möglichkeit ist, dass Sie den richtigen Zapfen deutlich vor die anderen Zapfen legen, so dass der Hund diesen mit hoher Wahrscheinlichkeit als Erstes sieht und anzeigt. Dann wird er natürlich überschwänglich gelobt. Nach und nach wird der Zapfen immer mehr zwischen die anderen deponiert. Die meisten Hunde verstehen dann, worum es geht.

Welcher Tannenzapfen ist es?

Eine andere Möglichkeit ist, dass man für mehrere Versuche nur diesen einen Tannenzapfen auslegt, dann den zweiten dazu gibt in einigem Abstand und so weiter.

Wichtig ist bei beiden Vorgehensweisen, dass der Hund zu etwa 70 % den richtigen Zapfen bringt und gut dafür belohnt wird. Er kann aber auch ab und zu einen falschen bringen und dann eben keine Reaktion von uns bekommen, damit er lernt, dass es der Geruch ist, auf den es uns ankommt, und nicht darauf, dass er irgendeinen Tannenzapfen bringt.

Schritt 3

Der Hund beherrscht es jetzt also, den Tannenzapfen mit Ihrem Geruch zu bringen und nach Ihren Wünschen anzuzeigen.

Um aus dieser Übung jetzt in Richtung vieler spannender weiterer Übungen zu arbeiten, bringen wir dem Hund bei, mit einem Geruchsmuster zu arbeiten. In diesem Schritt bereiten Sie bitte zwei Tannenzapfen mit Ihrem Geruch vor.

Überlegen Sie sich außerdem ein Ritual, das dem Hund dann sagen soll: »Zeige mir das, was genauso riecht, wie das, was ich dir hier unter die Nase halte!« Zum einen gehört dazu, dass Sie ihm eben das Geruchsmuster (deshalb der zweite Tannenzapfen) hinhalten. Was wollen Sie dazu sagen? Welche Körperhaltung wollen Sie einnehmen? Das können Sie sich ganz alleine überlegen. Es gibt kein besser oder schlechter. Sie sollten nur das einmal eingeführte Ritual dann auch beibehalten.

Haben Sie sich das überlegt, üben Sie es jetzt mit dem Hund. Sie haben also den einen Tannenzapfen zwischen mehrere neutral riechende gelegt und das Geruchsmuster zeigen Sie dem Hund mit diesem neuen Ritual. Da der Hund die Übung ja schon kennt, wird er sich höchstens kurzfristig über Ihr neues Getue wundern, sich aber schnell daran gewöhnen.

Schritt 4

Jetzt werden wir testen, ob der Hund das Prinzip mit dem Geruchsmuster schon verstanden hat. Dazu legen Sie wieder die neutralen Tannenzapfen aus. Jetzt brauchen Sie zwei Zapfen, die eine andere Person in der Hand hatte (es reichen zwei Minuten) oder zusätzlich auch noch an ihrem Hals vorbeigerieben hat, damit die Zapfen deutlich nach der anderen Person riechen. Einen Zapfen soll sie dann zwischen die schon ausgelegten Zapfen legen, ohne dass der Hund zusieht. Jetzt holen Sie Ihren Hund, lassen sich den anderen Tannenzapfen geben und präsentieren ihn sofort dem Hund, damit er nicht noch viel von Ihrem Geruch annimmt. Schicken Sie den Hund mit dem geübten Ritual los. Es ist immer wieder erstaunlich, wie viele Hunde jetzt auf Anhieb den richtigen Zapfen auffinden, das Prinzip also verstanden haben. Üben Sie diesen Schritt mit dem Geruch von mehreren Personen.

Sollten Sie keine Hilfspersonen zum Trainieren haben, können Sie auch sofort zu Schritt 5 übergehen. Das Üben mit Gerüchen von fremden Personen wird dem Hund die Aufgabe jedoch erleichtern.

Schritt 5

In diesem Schritt wollen wir dem Hund das Prinzip mit dem Geruchsmuster noch deutlicher machen. Auf Hilfspersonen können Sie in diesem Schritt verzichten. Sie dürfen jetzt alle Tannenzapfen anfassen. Alle sollen nämlich jetzt nach Ihnen riechen und zwar möglichst gleich stark. Zwei der Tannenzapfen werden aber jetzt noch weiter mit einem zusätzlichen Geruch präpariert. Welchen Geruch Sie dafür nehmen, bleibt Ihnen überlassen. Nur der Geruch, den der Hund gelernt hat (oder noch lernen soll), in geringsten Spuren zu finden, ist für diese Übung tabu. Vorschlag: Sie können die beiden Tannenzapfen jeweils kurz in Pfefferminztee eintauchen. Einer wird nun mit den anderen ausgelegt, der andere dient als Geruchsmuster. Denken Sie an den Jackpot, wenn der Hund den entsprechenden Tannenzapfen richtig anzeigt.

Schritt 6

Jetzt wird es anspruchsvoll. Tauchen Sie zunächst alle »neutralen« Zapfen in eine Hühnerbrühe oder Ähnliches. Sie sollen also nicht länger wirklich neutral sein, sondern nach etwas ganz besonders Gutem riechen. Zwei Tannenzapfen werden wieder mit einem zu suchenden Duft behandelt, wie wäre es jetzt mal mit Kamillentee? Ein Kamillenteezapfen liegt also jetzt zwischen lauter gut riechenden Hühnerbrühenzapfen. Der Hund bekommt das Geruchsmuster. Lässt er sich ablenken oder findet er den entsprechenden Zapfen?

Mögliche Schwierigkeiten in der Ausbildung:

Der Hund versteht in Schritt 4 nicht, dass er den vorgegebenen Geruch suchen soll, sondern er sucht anscheinend immer noch nach Ihrem, oder ist einfach nur verwirrt.

In diesem Fall gilt, wie eigentlich immer im Training: Bauen Sie Zwischenschritte ein. Gestalten Sie die Übung also zunächst noch einmal wie in Schritt 3, der Hund soll also Ihren Geruch suchen. Der Tannenzapfen, den der Hund suchen soll und das entsprechende Muster werden aber kurz von einer anderen Person in der Hand gehalten.

In den folgenden Schritten hält die andere Person die Zapfen immer länger in den Händen, während Sie sie immer kürzer halten. Nehmen Sie sich dafür für jeden Schritt ein neues Tannenzapfenpaar, das Sie immer genau nach Ausbildungsstand des Hundes vorbereiten. Anfangs ist Ihr Geruch stark, der andere schwach, später umgekehrt, bis dann Ihr Geruch ganz wegfällt und Sie wieder bei Schritt 4 einsteigen können.

Der Hund hat Schwierigkeiten in Schritt 5 oder Schritt 6.

Gehen Sie zu diesen Schritten erst über, wenn der Hund das Prinzip wirklich verstanden hat. Natürlich kann man auch hier Zwischenschritte einbauen. So könnten Sie in Schritt 5 doch neutrale Zapfen auslegen und die Pfefferminzzapfen riechen noch zusätzlich nach Ihnen. Dann gehen Sie im Prinzip so vor, wie bei den Schwierigkeiten in Schritt 4 besprochen. In Schritt 6 könnten Sie die Ablenkung etwas schwächer gestalten, indem die Hühnerbrühe super verdünnt ist. Normalerweise sollten Sie sich aber alle die Zwischenschritte sparen können, wenn Sie die Grundlagen entsprechend sorgfältig trainieren.

Noch mehr Zapfenspiele

Eine weitere Herausforderung könnte sein, dass Sie jetzt den Hund einen Zapfen suchen lassen, der den Geruch einer anderen Person trägt.

Daraus können Sie eine schöne Konzentrationsübung für den Hund aufbauen. Sind Sie mal mit einer ganzen Gruppe unterwegs, legen Sie Tannenzapfen mit lauter unterschiedlichen Gerüchen aus. Geben Sie also jedem Ihrer zweibeinigen Begleiter zwei Zapfen. Einen davon sollen die hinlegen, sich aber genau die Stelle merken. Liegen alle diese unterschiedlichen Geruchszapfen beisammen auf einer Fläche, präsentieren Sie dem Hund nacheinander die unterschiedlichen Geruchsmuster und er soll immer den passenden Zapfen dazu herausfinden.

Eine Anmerkung für die Botaniker unter Ihnen: Natürlich handelt es sich bei den Zapfen, die man im Wald auf dem Boden findet, in der Regel nicht um Tannen-, sondern eher um Fichten- oder Kiefernzapfen. Der Begriff »Tannenzapfen« ist aber der gebräuchlichere.

Wem habe ich die Hand geschüttelt?

Das hier ist noch mal eine schöne Übung, mit der Sie Ihre Gäste erstaunen können: Sie schütteln einer Person die Hand, ohne dass Ihr Hund zuschaut. Dann stellen sich alle Personen in einer Reihe oder einem Halbkreis auf und strecken ihre Hände nach vorne. Sie lassen Ihren Hund nun die Personenreihe abgehen und an den Händen schnüffeln. Die Person, der Sie die Hand geschüttelt haben, zeigt er an durch Vorsitz, Diener oder was immer Sie sich als Anzeigeübung ausgesucht haben.

Geben Sie einer bestimmten Person die Hand ...

Das Training:

Schritt 1

Nehmen Sie ein Stück Papier oder Stoff und reiben das gut zwischen Ihren Händen. Das so präparierte Geruchsstück verwenden Sie jetzt wie einen Target und lassen den Hund die von Ihnen gewählte Anzeige daran ausführen. Als Beispiel nehmen wir jetzt: Mit der Nase andocken. Da wird die Targetfunktion am deutlichsten. Sie könnten den Hund aber auch sitzen lassen oder was immer Sie wollen.

Schritt 2

Legen Sie dieses Stoffstück jetzt in die Hand einer anderen Person. Sie soll das Stück Stoff dem Hund offen hinhalten. Üben Sie so lange, bis der Hund auch hier sicher die Anzeige macht.

Schritt 3

Haben Sie mehrere Personen, setzen Sie die in einer Reihe oder im Halbkreis auf und lassen den Hund auch hier wieder das Stück Stoff in der Hand einer Person anzeigen. Seien Sie etwas pingelig mit dem Geruch. Die Hand, die das

... und lassen Sie Ihren Hund erschnüffeln, welche es war.

Stück Stoff einmal gehalten hat, darf dem Hund nicht leer präsentiert werden. Also entweder tauschen Sie die Personen, so dass immer dieselbe das Stoffstück hat, diese nur immer an einem anderen Platz sitzt, oder wenn Sie die Hände wechseln wollen, werden die »benutzten« Hände einfach hinter den Rücken gehalten.

Schritt 4

Jetzt wird die Hand mit dem Stück Stoff so präsentiert, dass der Hund den Stoff nicht sehen kann. Also entweder sind die Hände alle geschlossen oder werden mit der Handfläche nach unten gehalten. Üben Sie so – entweder mit einer Person oder mit der Gruppe – bis der Hund die »kontaminierte« Hand sicher anzeigt.

Schritt 5

Verkleinern Sie jetzt mehr und mehr den Geruchsstoff. Sie können gleichzeitig die Hand, die das Stoffstück hält, auch schon kräftig schütteln bevor der Hund dazu kommt. Wiederholen Sie die Übung mit immer kleinerem Stoffstück.

Anfangs hilft ein Stück Stoff mit Ihrem Geruch, dem Hund die Aufgabe zu erleichtern.

Schritt 6

Der Stoff wird jetzt ganz weggelassen. Es ist nur noch Ihr Geruch an der Hand, die Sie geschüttelt haben. Die Hände können jetzt wieder mit der Handfläche nach oben gehalten werden.

Was mache ich wenn …

… der Hund die falsche Hand anzeigt?

Gehen Sie im Training so langsam vor, dass der Hund in neun von zehn Fällen den Trainingsschritt erfolgreich ausführt, bevor Sie zum nächsten Schritt übergehen. Es ist immer besser, Erfolge zu belohnen als mit Misserfolgen hantieren zu müssen. Passiert dann doch mal eine falsche Anzeige, nehmen Sie den Hund einfach aus der Übung raus und setzen ihn noch mal an.

Nur, wenn Sie den Eindruck haben, dass der Hund ganz unkonzentriert und schusselig ist, können Sie als Strafe bei einem Fehler mal alle Hände für einen kurzen Augenblick wegziehen. Das sollte aber wirklich sehr selten passieren, denn sonst stimmt etwas im Training nicht.

… der Hund mit Weglassen des Stoffes die Aufgabe scheinbar nicht mehr versteht?

Es kann sein, dass er die Aufgabe dann in der Tat nicht mehr versteht, weil er verknüpft haben könnte, dass er den Stoff anzeigen muss und nicht Ihren Geruch. Die Verwendung des Stoffstückes macht für uns die Übung greifbarer, birgt aber diese Gefahr.

Dehnen Sie dann einfach das Ausschleichen des Stoffes noch etwas mehr hinaus. Und reiben Sie kräftig Ihren Geruch an die Hand, die den Stoff hält. Mit den Wiederholungen wird der Hund verstehen, worauf er achten soll. Vermeiden Sie jedoch jede Hilfe an Körpersprache oder mit anderen Lockmitteln. Es ist schwieriger, die wieder abzubauen, als ein paar Wiederholungen mehr zu machen, bis der Hund die Aufgabe versteht.

8 Nasenspiele mit Blumentöpfen

Blumentöpfe sind ganz hervorragende Hilfsmittel für die Nasenspiele. Haben Sie einen sehr vorsichtigen Hund, tun es die billigen Plastiktöpfe. Für Hunde, die gerne zerstören, oder alles gerne durch die Gegend tragen, empfehlen wir Tontöpfe so ab 14 cm Durchmesser. Die halten schon einiges aus, sind von den Hunden auch nicht so leicht aufzunehmen, es sein denn, sie kippen sie vorher um. Unter diese Größe passt auch schon eine schöne Anzahl an Motivationsmitteln.

Einfaches Blumentopfspiel

Schritt 1

Nehmen Sie drei Blumentöpfe und stellen Sie sie in einer Reihe auf, mit dem Boden nach oben. Lassen Sie den Hund in einiger Entfernung warten. Beherrscht er das »Bleib« noch nicht, binden Sie ihn an oder lassen ihn von jemandem festhalten.

Zeigen Sie ihm noch einmal das Motivationsmittel, also etwas, was er sehr gerne mag, seien das jetzt besonders gute Leckerchen oder sein Lieblingsspielzeug. Gehen Sie zu den Blumentöpfen. Heben Sie jeden Blumentopf an und tun Sie so, als ob Sie das Motivationsmittel darunterlegen. Ihr Hund sollte wirklich nicht sehen, unter welchem der Töpfe das tolle Ding ist. Gehen Sie zu ihm zurück und lassen ihn suchen. Machen Sie das von Anfang an wieder mit einem ganz bestimmten Ritual, zum Beispiel, indem Sie sich neben den Hund knien und ihm ein ganz bestimmtes Handzeichen zum Start mit dem Kommando fürs Suchen geben. Wenn er die Blumentöpfe absucht, wird er an einem zeigen, dass dort das ist, was er gerne haben möchte. Sehen Sie sich genau an, was der Hund macht. Das nennt man die natürliche Anzeige. Manche scharren, andere wedeln ganz doll mit dem Schwanz, wieder andere versuchen ihre Nase durch das Loch zu stecken. Wenn Ihnen diese Anzeige gefällt, können Sie sie beibehalten. Wenn nicht, können Sie sich nach einigen Wiederholungen eine andere einfallen lassen.

Schritt 2

Für den Fall, dass Sie sich eine spezielle Anzeige ausgesucht haben, können Sie diese nach einigen Wiederholungen einführen. Wollen Sie etwa dass der Hund sich hinlegt, geben Sie ihm das entsprechende Kommando, bevor Sie den Blumentopf anheben. Schon nach einigen Wiederholungen wird er sich automatisch hinlegen, wenn er an die Belohnung will. Die Hunde lernen das Blumentopfspiel sehr schnell. Bald sind dann schon die Blumentöpfe das Signal zum Absuchen. Hiermit haben wir wieder die Grundlage für viele schöne Spielideen.

Immer mehr Blumentöpfe

Beherrscht Ihr Hund das einfache Blumentopfspiel, können Sie natürlich die Anzahl der Töpfe erhöhen. Dann ist der Hund entsprechend länger mit der Suche beschäftigt.

Eine nächste mögliche Herausforderung können Sie schaffen, wenn Sie die Blumentöpfe großflächig in der Wohnung oder im Garten verteilen. Dann muss der Hund erst die Blumentöpfe finden, bevor er deren Inhalt untersuchen kann. Je nach Ausdauer und Ausbildungsstand des Hundes können

Damon schnüffelt die Blumentöpfe ab …

… und zeigt den richtigen an.

Sie anfangs in jeden zweiten Topf eine Belohnung stecken, die Anzahl dann immer weiter verringern.

Geruchsmemory

Kennt Ihr Hund das Blumentopfspiel und mindestens drei unterschiedliche Gegenstände, kann man beides sehr schön kombinieren. Legen Sie die Gegenstände unter die Blumentöpfe. Der Hund sollte so weit mit der Ausbildung sein, dass er dabei nicht mehr zuschauen muss. Er soll also die Blumentöpfe als Signal zum Absuchen kennen.

Jetzt lassen Sie den Hund einen dieser drei Gegenstände suchen nach dem Prinzip »Arbeiten mit Geruchsmuster« (s. S. 116). Sie halten ihm also den Gegenstand vor und lassen ihn das Pendant suchen. Vielleicht kennt er die Gegenstände auch mit Namen. Da das jetzt in einem ganz neuen Zusammenhang ist, werden die Gehirnzellen des Hundes rauchen. Hat er dieses Spiel mit drei Gegenständen verstanden und zeigt auch in 90 % der Versuche den gewünschten Gegenstand an, können Sie die Anzahl beliebig erhöhen. Vielleicht schafft Ihr Hund es ja irgendwann, einhundert verschiedene Gegenstände am Geruch zu erkennen!

Arbeiten mit Geruchsmuster

Wie im vorherigen Beispiel gezeigt, kann man einem Hund sehr gut beibringen, dass er genau den Geruch heraussucht, den wir ihm präsentieren. Dieses Konzept kann er zum Beispiel über das Tannenzapfenspiel lernen, aber auch über das Bierdeckelspiel, das auf Seite 89 präsentiert wurde. Jetzt sind wieder der Fantasie keine Grenzen gesetzt. Zum einen wird dieses Prinzip ja zum Beispiel im Mantrailing (siehe S. 158) angewandt, wenn es darum geht, dass der Hund eine ganz bestimmte Person nur anhand eines Geruchsmusters sucht.

Aber auch im Alltag kann man sich daraus wieder viele neue Spiele einfallen lassen.

Hier zwei Beispiele:

Schuhsalat

Das ist ein Spiel, das gerne in Kindergärten mit den Kindern gespielt wird. Aber auch Hunde haben ihren Spaß daran. Voraussetzung ist, dass der Hund

Der Hund sucht aus dem Haufen Schuhen den von Frauchen heraus …

das Arbeiten mit dem Geruchsmuster kennt. Legen Sie nun von jedem Familienmitglied einen Schuh auf einen Haufen. Jetzt brauchen Sie noch von jedem Familienmitglied ein Geruchsmuster. Das kann die Person selber sein, oder aber der zweite Schuh. Halten Sie dem Hund das Muster unter die Nase und schicken Sie ihn das Pendant suchen. Sie können das gleiche Ritual verwenden wie beim Tannenzapfenspiel. Sie können sich auch ein Kommando einfallen lassen, das eben genau das aussagt: »Zeige oder bringe mir das, was genauso riecht wie dieses Muster.«

Besonders spannend wird dieses Spielchen natürlich, wenn möglichst viele Schuhe mit unterschiedlichen Gerüchen da sind. Wenn Sie mal viele Gäste eingeladen haben, ist das die Gelegenheit! Na gut, wenn Sie von Ihren Gästen nicht verlangen wollen, ihre Schuhe auszuziehen, tun es auch Schlüsselbunde oder sonstige Gegenstände.

... und apportiert ihn freudig.

Riechralley

Auch hierfür ist wieder das Arbeiten mit Geruchsmuster Voraussetzung. Für dieses Spiel benötigen Sie eine bestimmte Anzahl an Paaren von bestimmten Geruchsstoffen. Gut geeignet sind zum Beispiel Teesorten. Dann könnten Ihre Paare zwei Beutel Pfefferminz-, zwei Beutel Kamillen-, zwei Beutel Früchte-, zwei Beutel Hagebutten- und zwei Beutel Schwarztee sein. Je nach Können des Hundes und Ihrem Teevorrat können das natürlich auch noch weitere Sorten sein.

So viel wie Teebeutelpaare benötigen Sie auch wieder unsere Hütchen, die uns schon so gut Dienste geleistet haben.

Ole hat die erste Station der Riechralley gefunden. Durch Hinlegen zeigt er Peter das richtige Glas an. In dem Glas befindet sich der Duft, der zur nächsten Station führt.

Zur Spielvorbereitung:

Platzieren Sie die Hütchen auf dem Rand eines Kreises von gut drei Meter Durchmesser. Ein Teebeutel ist später Ihr Startmuster. Legen Sie sich das zur Seite. Den anderen Beutel dieser Sorte legen Sie auf eines der Hütchen. Unter dieses Hütchen legen Sie eine andere Teesorte. Den passenden Beutel dazu legen Sie wieder auf ein Hütchen, das sich im Kreis gegenüber befindet. Darunter kommt wieder eine andere Sorte und so weiter.

Später beim Spiel sitzen Sie im Kreis, präsentieren dem Hund den Startgeruch und lassen ihn den Kreis nach dem dazu passenden Geruch absuchen. Hat er den gefunden, wird er natürlich ausgiebig belohnt. Dann heben Sie das entsprechende Hütchen an und präsentieren ihm den darunter liegenden Geruch für die neue Suche. Anstelle der Hütchen können Sie auch Marmeladengläschen verwenden, deren Deckel gelocht ist. So sucht der Hund dann nach und nach alle Teesortenpaare. Ist er am Ende dieser Geruchsrally angekommen, gibt es natürlich einen ganz besonderen Jackpot!

Diese Riechrally lässt sich natürlich auch ausbauen, indem man die Abstände zwischen den Hütchen vergrößert. Man kann das Spielchen abwandeln, indem man die Hütchen überall in einem Raum (oder auch in mehreren) verteilt, man kann das Ganze draußen machen und so weiter. Seien Sie kreativ. Immer neue Varianten sorgen dafür, dass der Hund das Spielchen immer wieder spannend findet.

Noch ein Hinweis zu den Hütchen:

Natürlich nehmen diese auch von den darauf oder darunter befindlichen Düften eine kleine Menge an. Für die meisten Spiele ist das aber nicht von Bedeutung. Der Hund kann nämlich durchaus die Intensität unterscheiden und damit das Hütchen finden, worunter sich tatsächlich auch ein Teebeutel befindet.

Nur wenn es wirklich darum geht, dass der Hund auch Spuren eines bestimmten Stoffes erschnüffelt und anzeigt, dann ist es natürlich unabdingbar, peinlichst genau darauf zu achten, dass nichts Falsches kontaminiert wird.

Schnüffelstrecke

Die Voraussetzung für dieses Spiel ist, dass der Hund gelernt hat, Ihnen den vorgegebenen Geruch anzuzeigen, so wie es im Tannenzapfenspiel auf Seite 101 erklärt ist.

Für dieses Spiel werden zehn unterschiedliche Gerüche in einer Reihe aufgestellt. Das können wieder verschiedene Teesorten sein, unterschiedliche Seifen, Kräuter oder was auch immer. Von jedem Geruch in der Reihe sollten Sie genau den gleichen in einer Kiste haben.

Der Hund wird vor der Reihe abgesetzt und bekommt einen Gegenstand aus der Kiste unter die Nase gehalten mit dem Kommando, dass er genau diesen Geruch suchen soll. Der Hund soll also die Reihe absuchen und den entsprechenden Gegenstand anzeigen.

Hat er gefunden, wird er ausgiebig dafür belohnt und bekommt als Nächstes einen weiteren Gegenstand präsentiert, von dem er das Pendant anzeigen

soll. Die bereits einmal angezeigten Teile werden wieder in die Reihe zurückgestellt.

Mit diesem Spiel kann man hervorragend die Konzentration des Hundes schulen und außerdem das Konzept »Zeig mir, was genau wie dieser Stoff riecht« sehr schön festigen.

Wo ist mein Mineralwasser?

Dieses Spiel beeindruckt Zuschauer ganz besonders, denn es wirkt geradezu wie Zauberei, was die feine Nase des Hundes hier vollbringt!

Die Aufgabe besteht darin, dass der Hund die ihm vorgehaltene Mineralwassersorte aus mehreren Mineralwassersorten herausfinden und anzeigen soll. Als Behälter eignen sich Plastikbecher gut.

Als Erstes trainieren Sie, wie in den vorigen Beispielen auch schon, die Anzeige mit einem positiven Becher. Nehmen wir an, der Hund soll sich hinlegen, wenn er an den Becher kommt. Damit er die Becher nicht umwirft, kann man sich eine Haltevorrichtung für diese Übung bauen.

Läuft er zielgerichtet zum Becher und legt sich hin, werden leere Becher als neutrale dazu genommen. Beginnen Sie mit einem und steigern Sie die Anzahl so, wie es Ihnen für diese Übung gefällt. Führen Sie immer dann einen weiteren Becher ein, wenn der Hund in mindestens 80 % der Versuche Erfolg hat.

Füllen Sie nun die neutralen Becher mit Leitungswasser. So sind auch diese Becher gefüllt und wir schließen aus, dass sich der Hund am Füllstand der Becher orientiert. Beginnen Sie erst wieder mit einem weiteren gefüllten Becher und steigern Sie die Anzahl entsprechend dem Können Ihres Hundes.

Im nächsten Schritt enthalten die anderen Becher auch (anderes) Mineralwasser. Damit wird nun ausgeschlossen, dass sich der Hund eventuell an der Kohlensäure orientiert, die ihm in die Nase blubbert. Es ist ganz sinnvoll, sich Mineralwassersorten aus unterschiedlichen Gegenden Deutschlands zu besorgen. Die Praxis hat nämlich gezeigt, dass zum Beispiel unsere Eifelsorten für den Hund nicht so leicht zu unterscheiden sind. Da wir nicht wissen, was genau der Hund riecht, können wir ihm da auch nicht weiterhelfen. Er muss sich das alleine erarbeiten. Wir müssen nur sorgfältig darauf achten, dass wir die passenden Trainingsschritte wählen.

Jetzt können Sie das Signal einführen. Sie halten dem Hund also den mit der zu suchenden Mineralwassersorte befüllten Becher unter die Nase und schicken ihn los. Um auszuschließen, dass Sie dem Hund unbeabsichtigt Hilfen geben, drehen Sie ihm den Rücken zu, wenn Sie ihn losschicken. Mit einem Spiegel können Sie sicherstellen, dass Sie ihn gut im Blick haben, um ihn auch sofort belohnen zu können.

Zögern Sie als Nächstes das Markersignal mehr und mehr hinaus. Der Hund muss zum Beispiel später so lange liegen bleiben, bis Sie bei ihm sind. Sonst könnte es sein, dass der Hund den Klick als Hilfe nimmt.

Arbeiten Sie auch bei dieser Aufgabe am Ende wieder mit einer Hilfsperson, die Ihnen die Becher so vertauscht, dass Sie nicht wissen, welcher der richtige ist.

Silas bekommt das Geruchsmuster angezeigt …

Bis zu diesem Trainingsschritt hat der Hund viele, viele Male den mit dem zu suchenden Mineralwasser befüllten Becher als Startsignal vor die Nase gehalten bekommen. Lassen Sie diese Sorte Mineralwasser jetzt ganz aus der Aufgabe heraus und wählen Sie sich eine neue aus, die er anzeigen soll. Diese neue Mineralwassersorte wird dem Hund jetzt also auch vor die Nase gehalten. Versteht er, was Sie wollen? Wenn ja, ist das eine enorme Denkleistung Ihres Hundes! Wenn nicht, gehen Sie die vorherigen Schritte noch einmal mit dem neuen Mineralwasser durch.

Machen Sie so lange damit weiter, den Hund eine neue Mineralwassersorte anzeigen zu lassen, bis er versteht, dass es auf das Geruchsmuster ankommt, das Sie ihm zu Beginn zeigen.

Im letzten Schritt stehen dann alle trainierten Trainingssorten in einer Reihe und der Hund soll diejenige anzeigen, die Sie ihm vorhalten.

... und zeigt den entsprechenden Sprudel an.

Zaubervorführung mit Hund

Vielleicht haben Sie ja mal Lust, mit Ihrem Hund ein Publikum zu beeindrucken? Wie wäre es mit einer richtigen Zaubervorstellung? Da die meisten Menschen sich die unglaubliche Nasenleistung der Hunde ja gar nicht vorstellen können, werden die Zuschauer bestimmt begeistert sein und maßlos staunen. Und wenn Sie dann auch noch mit Ihrem Hund im passenden Outfit auftreten, sorgt das für das Tüpfelchen auf dem i.

Aber nun die »Zaubertricks« für Ihr Programm: Wie bei richtigen Zaubertricks sollten Sie sie erst vorführen, wenn sie wirklich gut klappen, wenn auch Ihre Handgriffe und der Text dazu gut eingearbeitet sind. Sie können sich zum Beispiel als Assistent des großen vierbeinigen Zauberers ausgeben.

Hütchenspiel

Nehmen Sie sich drei Becher, die am Boden einige Löcher haben. Dann brauchen Sie noch eine Wattekugel, wie es sie im Bastelbedarf gibt. Diese Wattekugel wird mit dem Targetduft (siehe Seite 32) getränkt. Die Vorbereitungen werden natürlich getroffen, ohne dass das Publikum zusehen kann. Die duftende Wattekugel wird nun unter einen umgestülpten Becher gelegt. Durch schnelles Anheben und Bewegen der Becher wird die Kugel von einem zum anderen verschoben. Für den Hund ist es bei den entsprechenden Vorübungen natürlich überhaupt kein Problem herauszufinden, unter welchem Becher die Kugel steckt. Wenn Sie jetzt noch möglichst schnell und spektakulär die Becher bewegen können, so dass das Publikum nicht weiß, unter welchem Becher die Kugel ist, und wenn der Hund eine schöne Anzeige mit der Pfote macht, wird das Publikum beeindruckt ein!

Anmerkung: Der Duft muss natürlich so schwach sein, dass er vom Publikum nicht wahrgenommen wird.

Der hellsehende Hund

Dieser Trick darf natürlich in keiner Zaubervorführung fehlen! Sie nehmen sich ein Kartenspiel, mischen es gut durch und bitten einen Zuschauer, sich eine Karte zu ziehen. Diese soll er zwischen seinen Händen halten, damit auch Sie sie nicht sehen können. Sonst könnten die Zuschauer ja denken, Sie wür-

den dem Hund später helfen. Um das Ganze noch etwas spannender und spektakulärer zu machen, reichen Sie dem Zuschauer jetzt auch noch ein Taschentuch, in das er die Karte einwickeln soll. So wird die Karte dem »großen Zauberer« präsentiert. Besonders beeindruckend können Sie diese Szene gestalten, indem Sie den Hund vor der eingepackten Karte einen Diener machen lassen.

Nachdem der Hund sich dann dank seiner hellseherischen Fähigkeiten die Karte eingeprägt hat, drehen Sie sich mit dem Hund vom Publikum weg und bitten den Zuschauer, die Karte auszupacken und mit der Bildseite nach unten zwischen einige schon hingelegte Karten zu legen.

Der Hund wird dann die richtige Karte anzeigen und Sie präsentieren sie feierlich dem Publikum.

Holly präsentiert die gesuchte Karte dem Publikum.

Hinweise zur Ausführung dieses Tricks:

Es ist sehr hilfreich, wenn Sie gut und spannend erzählen können, während die Person die Karte in den Händen hat, damit die Zeit lange genug ist, so dass die Karte ausreichenden Geruch aufnehmen kann. Diesen Trick können Sie wie in Übung »Zeige mir alles, was nicht dahin gehört« (siehe Seite 67) aufbauen oder wie »Arbeiten mit Geruchsmuster« (siehe Seite 116). In dem Fall halten Sie dem Hund das Tuch als Beispielduft hin. Natürlich sollten Sie das ganz unauffällig und so nebenbei machen. Lenken Sie das Publikum mit theatralischen Reden ab.

Bei der Auslegeart der Karten müssen Sie natürlich die Anzeigeform des Hundes berücksichtigen. Sehr schön ist es, wenn der Hund die Spielkarten apportieren kann. Dazu können die ruhig etwas gewölbt werden, damit er sie auch aufnehmen kann. Das kann man dem Publikum auch erklären, dass die Karten nicht etwa »gezinkt« sind, sondern dass dadurch nur dem Hund das Aufnehmen erst ermöglicht wird.

Bei einer Anzeige durch Vorlegen müssen die Karten natürlich deutlich voneinander entfernt ausgelegt werden, vielleicht in einer Reihe mit je ca. einem halben Meter Abstand.

Sehr beeindruckend wäre es natürlich auch, wenn Ihr Hund aus einem ganzen aufgefächerten Kartendeck die richtige Karte herausnehmen oder durch eindeutiges Antippen mit der Nase anzeigen kann. Experimentieren Sie und beobachten Sie, was Ihrem Hund am leichtesten fällt.

Farben erkennen (mit geschlossenen Augen)

Da viele Menschen immer noch der Meinung sind, Hunde könnten keine Farben erkennen, kann man sie mit folgendem Trick verblüffen. Wollen Sie den Trick noch perfekter machen, üben Sie mit dem Hund zunächst, dass Sie ihm eine Brille aufsetzen können, durch die er nichts sieht. Es gibt solche Brillen für Hunde, die auf offenen Autos oder Motorrädern mitfahren, damit deren Augen vom Wind geschützt sind. Gewöhnen Sie den Hund mit vielen Leckerchen an das Tragen der Brille, zunächst nur kurze Zeit, dann dehnen Sie die Zeit mehr und mehr aus. Hat sich der Hund gut an das Tragen der Brille gewöhnt, was Sie daran erkennen, dass er mit dem Schwanz wedelt, wenn Sie die Brille hervornehmen, dann schwärzen Sie zunächst ein Glas. Wiederholen Sie die Übung einige Male und schwärzen Sie dann das zweite Glas. Jetzt können Sie mit dem Hund einen Zaubertrick mit geschlossenen Augen vorführen.

Für diesen Trick brauchen Sie wieder die Holzhütchen. Eines der Hütchen sollte eine andere Farbe haben. Dieses Hütchen wird zusätzlich mit dem Targetduft markiert. Jetzt können Sie jemanden aus dem Publikum bitten, das Hütchen mit der speziellen Farbe an einen beliebigen Platz zu stellen. Es versteht sich von selbst, dass der Targetduft nicht so stark sein darf, dass er von der menschlichen Nase wahrgenommen werden kann.

Geben Sie jetzt dem Hund das Kommando: »Zeig das rote Hütchen.« Sind Sie ein entsprechend talentierter Schauspieler, können Sie den Trick natürlich um einiges aufwerten, indem Sie etwas Show darum machen. Erzählen Sie möglichst theatralisch, was für einen genialen Hund Sie haben, der auch mit geschlossenen Augen Farben erkennen kann. Steigern Sie die Spannung, indem Sie dem Hund sehr spannend die Brille aufsetzen.

Ob der Hund Ihnen das farbige Hütchen gibt oder ob er es anders anzeigt, spielt keine Rolle. Damit er das für diesen Trick passende Kommando lernt, gehen Sie wieder so vor, dass Sie erst das neue Kommando geben, also »Zeig das rote

Hütchen«, dann Ihr altes Kommando für »Zeig mir den Targetduft«.

Es wird nicht lange dauern und der Hund versteht das neue Kommando, weil Sie ihm durch das Ritual des Brillenanziehens schon eine große Hilfe geben.

Für alle diese Zaubertricks gilt, dass sich ein richtiger Zauberer natürlich nicht in die Karten schauen lässt. Lassen Sie das Publikum ruhig staunend und mit vielen Fragen zurück. Erklären Sie auf keinen Fall die Auflösung der Rätsel. Denn das nähme der Zauberei die ganze Faszination.

Nasenspiele für ängstliche Hunde

Die Nasenspiele kann man neben einer sinnvollen und interessanten Beschäftigungsmöglichkeit sogar als Therapie für ängstliche Hunde einsetzen. So war unsere Runa zum Beispiel sehr wasserscheu und nicht dazu zu bewegen, auch nur eine Pfote ins Wasser zu setzen. Sie könnte ja nass werden!

Als es einmal sehr heiß war, legten wir für alle Hunde die Spuren dieser Übungsstunde durchs Wasser. Das war erträglich. Als Runa an der Reihe war, fing die Spur an Land an, führte aber schon bald in ganz flaches Wasser und von da aus auch kurz durch etwas tieferes, das Runa immerhin bis zum Bauch reichte. Beim Übergang der Spur ins Wasser zögerte sie nur kurz, entschied sich aber schnell, der Spur – selbst durch dieses nasse Wasser – zu folgen! Die Motivation zu suchen war größer als ihre Angst vor dem Wasser!

Haben Sie es also durch die Suchspiele mit Ihrem ängstlichen Hund geschafft, eine hohe Motivation aufzubauen, können Sie ihm damit helfen, seine Ängste Stück für Stück zu überwinden.

Hier einige Beispiele:

Der Hund hat Angst, durch einen Tunnel zu laufen. Lassen Sie ihn – in diesem Fall am besten sein Motivationsobjekt – suchen und legen Sie es immer mal wieder in den Tunnel hinein. Wie schnell Sie dabei vorgehen können, hängt natürlich von der Stärke der Angst ab. Ist der Hund sehr ängstlich, legen Sie das Motivationsobjekt im Durchschnitt bei jeder zehnten Suche in den Tunnel. Beginnen Sie dabei ganz am Rande und deponieren Sie das zu suchende Teil nur ganz allmählich weiter in den Tunnel hinein.

Bei nicht ganz so ängstlichen Hunden können Sie das Im-Tunnel-Suchen häufiger machen, so ungefähr jede dritte Suche. Schnell wird sich der Hund

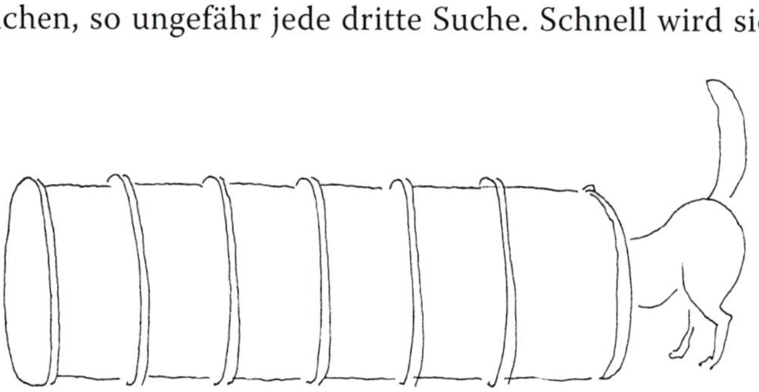

überwinden und auch tief im Tunnel sein Ziel finden. Oft ist es nämlich so, dass die Hunde so sehr auf das Suchen konzentriert sind, dass sie gar nicht wahrnehmen, wo sie sich eigentlich befinden. Und ehe es ihnen wirklich bewusst wird, kommt schon ihre dicke Belohnung, weil sie gefunden haben.

Abgewandeltes Blumentopfspiel für Hunde, die Angst vor Menschen haben

Haben Sie einen Hund, der scheu vor Menschen ist, spielen Sie mit ihm zunächst das Blumentopfspiel (siehe Seite 112). Wenn er die Spielregeln verstanden hat und Spaß daran hat, kann man das Spiel etwas abwandeln, so dass die Blumentöpfe allmählich durch Menschen ersetzt werden. Sie brauchen dafür drei Helfer. Diese sollten Sie zuvor allerdings genau einweisen, wie sie sich zu verhalten haben. Denn die Helfer müssen sich absolut neutral verhalten und dürfen den Hund nicht unbeabsichtigt bedrohen. Die Helfer sollten sich alle hinhocken und den Hund möglichst nicht anschauen.

Beginnen Sie das Spiel ähnlich wie das Blumentopfspiel, nur dass jetzt jeweils ein Mensch hinter einem Blumentopf hockt. Je nach Hund kann der Abstand unterschiedlich gewählt werden. Je ängstlicher der Hund also ist, desto größer der Abstand. Spielen Sie das Spielchen wie gewohnt und rücken Sie die Blumentöpfe Stück für Stück näher an die Hilfspersonen.

Im nächsten Übungsschritt haben die Hilfspersonen die Blumentöpfe in den Händen. Die Personen sollten dabei immer noch hocken und darauf achten, den Hund nicht anzusehen. Achten Sie darauf, das gewohnte Ritual beizubehalten. Denn das gibt dem Hund ein großes Maß an Sicherheit. Hat der Hund auch diesen Übungsschritt erfolgreich geschafft, bleiben im nächsten die Blumentöpfe weg. Stattdessen formen die drei Hilfspersonen alle mit ihren Händen eine Höhle, so, als ob sie einen gedachten Tennisball umschließen würden. Lassen Sie den Hund zunächst zusehen, wie Sie in eines der drei Paar hohlen Hände das Spielzeug oder Futter deponieren. Täuschen Sie dabei zwei Hände an und in eine deponieren Sie das Motivationsmittel wirklich. Verwenden Sie das gleiche Ritual wie zuvor mit den Blumentöpfen. Der Hund wird die Übung erkennen und die Hände absuchen. Je ängstlicher der Hund ist, desto wichtiger ist es, dass Ihre drei Helfer absolut unbeteiligt tun. Auch wenn der Hund die richtige Hand anzeigt, darf von denen kein Jubelschrei kommen! Laufen Sie mit dem Hund, wenn er gefunden hat, einige Schritte rückwärts und belohnen Sie ihn die ersten Male in einiger Entfernung zu den anderen Menschen. Nach einigen Wiederholungen belohnen Sie den Hund direkt an den Helfern. Er wird wahrscheinlich gar nichts von seiner Angst merken, weil er so sehr in das Suchspiel vertieft ist.

Das geht natürlich alles nur, wenn seine Motivation zu suchen größer ist als die Angst vor den Menschen. Wahrscheinlich wird das also nicht mit jedem Hund klappen. Wir waren jedoch schon so oft überrascht, wie viel die Hunde sich trauen, wenn es ums Suchen geht. Ein Versuch ist es also alle Male wert. Machen Sie die Übungsschritte außerdem immer schön klein, so dass der Hund auch Erfolg haben kann, ist das mit Sicherheit eine sehr gute Möglichkeit, an seiner Angst zu arbeiten.

Im Laufe der Ausbildung stellen sich die Helfer auch hin, immer noch mit derselben Handhaltung. Später hat einer von ihnen das Motivationsmittel in der Tasche. Bis dahin sollten Sie schon an einer Anzeige gearbeitet haben.

Üben Sie an vielen unterschiedlichen Orten, wenn möglich mit unterschiedlichen Helfern. So ganz nebenbei wird der Hund dann über die Nasenspiele seine Angst vor Menschen verlieren; denn jeder könnte ja ein potenzielles Versteck für sein Motivationsmittel sein.

Achtung:

Wir raten Ihnen ab, diese Übung mit einem Hund zu machen, der aus seiner Unsicherheit heraus zu Aggression neigt. Schließlich soll keine Hilfsperson gefährdet werden.

Abgewandeltes Blumentopfspiel für geräuchempfindliche Hunde oder solche, die das nie werden sollen

Anstelle von Blumentöpfen werden jetzt Blechbüchsen verwendet. Bei unserem eigentlichen Blumentopfspiel nahmen wir extra große Blumentöpfe, weil wir nicht wollten, dass der Hund sie umwirft. Bei diesem Spiel ist das Umwerfen der Sinn der Übung.

Stellen Sie also einige schmale hohe Blechbüchsen so auf, dass unter einer ein Leckerchen versteckt ist. Machen Sie Löcher in die Böden der Büchsen, damit der Hund das Leckerchen wieder gut riechen kann. Hat der Hund das Leckerchen gefunden und macht sich an der Dose zu schaffen, können Sie dieses Verhalten klicken. Anschließend können Sie ihm die Dose umkippen, falls er das noch nicht alleine getan hat.

In den nächsten Durchgängen klicken Sie das Umkippen der Dose. Beginnen Sie mit einem sehr geräuschempfindlichen Hund auf einem weichen Teppich. Dann arbeiten Sie sich vor auf Teppichboden und schließlich auf Fliesen. Erfahrungsgemäß sind die Hunde so in ihr Suchspiel vertieft und freuen sich, wenn sie erfolgreich gefunden haben, dass sie sich von den Geräuschen gar nicht beeindrucken lassen.

Ist das der Fall, können Sie den Hund immer mehr Geräusche produzieren lassen, indem Sie die Dosen zu einem Turm aufbauen und er die gefüllte Dose finden muss. Sie klicken immer das Umschmeißen des Turmes.

Wenn der Hund irgendwann dann mit Spaß Radau produziert, wird er selber auch nicht mehr so empfindlich sein, wenn er sonstwo Krach hört.

Um die Wette riechen

Auf einfache Art und Weise kann man sich auch schöne Übungen überlegen, bei denen man mit zwei Schnüffelteams Spaß haben kann. Für unser »Um die Wette riechen« ist eine kleine Übung Voraussetzung:

In welcher Hand ist ...?

Sie kennen das Spiel, das gerne mit Kindern gespielt wird, bei dem man einen Gegenstand hinter dem Rücken in einer Hand verstaut. Das Kind bekommt beide Hände hingehalten und soll erraten, in welcher Hand sich der Gegenstand befindet.

Das kann auch sehr schön mit dem Hund gespielt werden. Der Hund soll allerdings nicht raten, sondern er soll seine Nase einsetzen.

Beginnen Sie diese Übung damit, dass Sie dem Hund ein Leckerchen in der geschlossenen Hand hinhalten. Der Hund wird versuchen, an dieses Leckerchen heranzukommen. Die meisten Hunde nehmen dazu früher oder später die Pfote. Sobald er mit der Pfote auf Ihre Hand tippt, öffnen Sie sie und er bekommt seine Belohnung. Wiederholen Sie das einige Male, bis die Übung sicher sitzt.

Erst jetzt halten Sie dem Hund beide Hände hin. Nur in einer Hand ist die Belohnung. Nun muss er seine Nase einsetzen. Wählen Sie nicht immer die gleiche Hand, um das Leckerchen zu verstecken. Wechseln Sie auch nicht

Querida sucht die Hände ab und zeigt mit ihrer Pfote, in welcher Hand sich das Leckerchen befindet.

immer ab: rechts, links, rechts, links ... Wählen Sie die Hände ganz variabel, damit der Hund kein System entdecken kann, sondern wirklich seine Nase benutzen muss. Da der Hund bei dieser Übung nicht Spuren von einem bestimmten Stoff anzeigen soll, sondern ein Leckerchen, findet er es normalerweise, obwohl ja irgendwann beide Hände nach Leckerchen riechen. An der Stärke des Geruchs kann er aber sehr wohl erkennen, wo das Leckerchen jetzt tatsächlich ist.

Sollte der Hund immer wieder Fehler machen und wahllos eine Hand von Ihnen antippen, können Sie, um es für den Hund deutlicher zu machen, ruhig zwischen den einzelnen Versuchen die Hände waschen. Wichtig ist, dass der Hund mit dem Antippen der falschen Hand nie Erfolg hat. Ist es dennoch immer eher Zufall, welche Hand er antippt, können Sie auch einmal bei einem falschen Versuch das Spiel abbrechen. Dann wird er es sich beim nächsten Mal bestimmt besser überlegen und dann endlich seine Nase einsetzen.

Hat man ein weiteres Hund-Mensch-Team, das dieses Spielchen beherrscht, kann man daraus einen kleinen Wettkampf machen.

Sie brauchen dazu ein Spielfeld. Das kann wie ein Brettspiel sein, also in Klein mit zwei Figürchen, für jedes Team eines. Die Hunde bekommen nacheinander die Aufgabe gestellt, herauszufinden, in welcher Hand das Leckerchen ist. Tippt der Hund richtig, kann die entsprechende Figur ein Feld nach vorne gehen. Tippt er falsch, bleibt sie stehen.

Dann ist das andere Team an der Reihe. Das Team der Figur, die als Erstes die Ziellinie überschritten hat, hat gewonnen.

Eine Alternative wäre, dass das Spielfeld so groß auf einer Wiese abgesteckt ist, so dass Sie mit dem Hund jeweils ein Feld weitergehen, wenn er richtig getippt hat.

Eine weitere Variation des Spiels wäre, dass der Hund nicht ein Leckerchen anzeigt, sondern einen kleinen Ball oder einen Stein oder was auch immer.

Sollten Sie mit Ihrem Hund trainiert haben, einen bestimmten Geruchsstoff in den kleinsten Spuren zu suchen, sollten Sie diesen Stoff natürlich nicht für dieses Spiel verwenden, weil Ihre beiden Hände kontaminiert werden und Sie sich damit die feine Suche verderben würden.

Weitere Ideen

Eine bestimmte Person suchen

In dieser Übung geht es nicht darum, dass der Hund einen Beispielgeruch bekommt, sondern er soll den Namen der zu suchenden Person kennen und sie anhand ihres Namens suchen. Je mehr Namen der Hund kennt, desto spannender ist die Übung natürlich. Da raucht wieder der Kopf und das Gehirn des Hundes wird herausgefordert. Denn nur mit dem entsprechenden Namen muss der Hund sich sozusagen ein Bild von deren Geruch machen, damit er dann die Spur aufnehmen kann. Wie der Hund suchen soll, ob in der freien Suche oder ob er genau der Spur (s. ab S. 158) folgt, das können Sie entweder festlegen und dann entsprechend trainieren, oder Sie lassen dem Hund die Wahl. Die Aufgabe ist mit Sicherheit auch dann noch herausfordernd genug.

Nun die Anleitung Schritt für Schritt:

Schritt 1

Sie benötigen die Person, deren Name der Hund als Erstes lernen soll. Setzen Sie sich zwei Meter auseinander auf je einen Stuhl. Schicken Sie jetzt den Hund mit dem entsprechenden Kommando zu der Person, zum Beispiel »Such Oma«, geben ein Handzeichen und blicken Sie in die entsprechende Richtung. Läuft der Hund zur Person, können Sie das entweder klicken und dann selber belohnen oder aber die andere Person belohnt den Hund.

Schritt 2

Steigern Sie zunächst den Abstand zwischen sich und der anderen Person, soweit es der Raum zulässt. Üben Sie das draußen, dann steigern Sie den Abstand so weit, dass der Hund die Person aber immer noch sehen kann.

Schritt 3

Lassen Sie die Person in ein anderes Zimmer gehen oder hinter eine Hecke, wenn Sie draußen üben. Der Hund sollte sehen, wie die Person weggeht. Geben Sie ihm das entsprechende Kommando und lassen Sie ihn suchen.

Schritt 4

In diesem Schritt sollte der Hund die Person nicht mehr weggehen sehen. Lassen Sie also zunächst die Person sich verstecken. Erst dann gehen Sie mit dem Hund hin und schicken ihn zum Suchen los.

Schritt 5

Wiederholen Sie die Schritte 1 - 4 mit einer weiteren Person.

Schritt 6

Üben Sie nun den Schritt 1 oder 2 mit beiden Personen, die der Hund bisher kennengelernt hat. In diesem Trainingsschritt müssen Sie darauf achten, dass Sie dem Hund außer dem Namen keinerlei Hilfestellung geben. Schicken Sie ihn also nicht mit Signalen gezielt zu der Person hin, sondern geben Sie zunächst gar keine Signale, das heißt, Sie sollten weder in die entsprechende Richtung schauen noch zeigen.

Schritt 7

Hat der Hund wirklich verstanden, wen er bei dem entsprechenden Namen suchen soll, dann können Sie die beiden Personen immer schwieriger verstecken.

Schritt 8

Sie können weitere Herausforderungen einbauen, indem Sie dem Hund zunächst eine korrekte Anzeige beibringen, dann die Personen auch einmal zusammen verstecken und der Hund soll genau die richtige anzeigen.

Schritt 9

Um den Hund immer sicherer zu machen, trainieren Sie in diesem Schritt bewusst den Hund, eine Person zu suchen, während Sie auf die falsche Person zeigen. Damit kann der Hund lernen, dass es bei dieser Aufgabe wirklich nur auf den Namen der Person ankommt und nicht auf irgendwelche Signale von Ihnen.

Schritt 10

Auf diese Art und Weise kann der Hund beliebig viele Personen zu unterscheiden und zu suchen lernen.

Mögliche Schwierigkeiten in der Ausbildung:

Der Hund interessiert sich in Schritt 1 überhaupt nicht für die andere Person, obwohl er deutlich dorthin geschickt wird.

In dem Fall kann die Person den Hund anfangs auch einige Male mit Spielzeug oder Leckerchen locken. Das sollte aber höchstens zwei- bis dreimal gemacht werden. Danach muss der Hund schon von sich aus hingehen.

Haben Sie Geduld. Wenn er vorher bei dieser Person gut belohnt wurde, wird er bestimmt wieder hingehen. Notfalls verteilen Sie diesen Schritt auf mehrere Übungseinheiten.

In der ersten Übungseinheit wird der Hund dreimal gelockt, dann machen Sie mindestens eine Viertelstunde Pause.

In der nächsten Einheit wird er nur noch zweimal gelockt, beim dritten Mal warten Sie, bis er von sich aus hingeht. Dafür gibt es natürlich einen Jackpot!

In der nächsten Übungssequenz wird er höchstens noch einmal gelockt, dann nicht mehr. So sollte er schnell verstehen, was von ihm erwartet wird.

Solange der Hund die Person weggehen sieht, weiß der Hund auch, was er machen soll, nicht aber, wenn er angesetzt wird, ohne die Person weggehen gesehen zu haben (Schritt 4).

Als Zwischenschritt könnte man einbauen, dass die Person ganz in der Nähe versteckt ist. Vielleicht guckt sogar noch ein Zipfel von ihr heraus. Damit hat der Hund dann schnell ein Erfolgserlebnis.

Eine andere Möglichkeit wäre, dass der Hund zusieht, wie die Person weggeht, dann aber eine Weile durch andere Übungen oder einen kurzen Spaziergang auf andere Gedanken gebracht wird. Dann wird er zur Suche geschickt.

Einmal dürfte die Person auch ein Geräusch von sich geben als Hilfe. Das aber wirklich nur einmal, damit der Hund nicht lernt, sich auf diese Hilfe zu verlassen.

Hat er dann gefunden, denken Sie an den Jackpot!

In Schritt 6 ist es eigentlich nur Zufall, wenn der Hund zur richtigen Person läuft. Er scheint überhaupt noch nicht verstanden zu haben, auf was es ankommt.

In diesem Fall sind Sie wohl zu schnell vorgegangen. Wiederholen Sie die Schritte 1 - 5 noch einmal gründlich, damit der Hund auch lernt, den Namen mit der richtigen Person zu verknüpfen. Sie müssen auf alle Fälle darauf achten, dass der Hund nicht belohnt wird, wenn er zur falschen Person geht. Belohnend ist schon eine Beachtung! Diese Person sollte den Hund also völlig ignorieren, ihm also auch nicht sagen, dass er falsch ist.

In Schritt 9 lässt sich der Hund doch durch die gegebenen Signale verunsichern und sucht die falsche Person.

Auch hier sollten Sie die vorherigen Schritte noch einmal gründlich wiederholen, damit der Hund sicher verstanden hat, auf was es ankommt.

Um dem Hund bei diesem Schritt zu helfen, geben Sie die Signale zur falschen Person zunächst recht unauffällig. Denken Sie an den Jackpot, wenn der Hund die richtige Person findet. Machen Sie dann nach und nach die Signale in die falsche Richtung deutlicher. Nun wird sich der Hund nicht mehr beirren lassen.

Ein bestimmtes Haustier suchen

Ähnlich wie einen bestimmten Menschen kann der Hund natürlich auch lernen, einen tierischen Mitbewohner zu suchen. Das kann unter Umständen ganz praktisch sein, falls die Katze oder auch die Schildkröte mal verschwunden ist.

Hat der Hund schon gelernt, bestimmte Menschen zu suchen, kann er das normalerweise auch relativ schnell auf die Tiere übertragen. Eine wichtige Voraussetzung für diese Übung ist natürlich, dass die zu suchenden Tiere keine Angst vor dem Hund haben. Denn sonst ist das Training zu stressig für sie und von daher tierschutzbedenklich. Kennen die Tiere sich untereinander aber gut, ist das kein Problem.

Käthe hat die Katze gefunden und zeigt sie durch ruhiges Vorsitzen an.

Einer künstlichen Geruchsspur folgen

Möchten Sie einfach gerne eine neue Möglichkeit der geruchlichen Beschäftigung Ihres Hundes ausprobieren, können Sie auch mit künstlichen Spuren arbeiten.

Bei einer künstlichen Spur verfolgt der Hund also nicht die Spur, die ein Mensch oder ein anderes Tier hinterlassen hat, sondern es wird eben eine künstliche Spur gelegt.

Eine Möglichkeit dazu ist die, dass Sie sich eine Sprühflasche nehmen und darin einen bestimmten Geruch verdünnen. Das kann im Prinzip irgendein Geruch sein. Nur solche Stoffe, die Ihr Hund gelernt hat, in Spuren zu erschnüffeln, sollten Sie vermeiden. Sie könnten zum Beispiel den Targetduft verwenden (siehe Seite 32). Noch besser ist es, Sie nehmen einen ganz speziellen Geruch für diese Übung.

Es gibt auch Trainer, die auf diese Art und Weise dem Hund beibringen, einer menschlichen Spur zu folgen, indem sie ein Kleidungsstück in Wasser einweichen und dieses Wasser dann in die Sprühflasche geben. Damit wird dann eine Spur gesprüht.

Sehr praktisch an dieser Art und Weise ist, dass der Mensch – vorausgesetzt es ist nicht zu trocken oder es wird mit alten Spuren gearbeitet – sehr schön den Verlauf der Spur verfolgen kann. Für das eigentliche Spurensuchen ist das unserer Meinung nach jedoch ein Umweg im Training. Das kann man genauso gut gleich mit der richtigen Spur machen. Als Abwechslung für den Hund ist das jedoch eine schöne Möglichkeit.

Damit der Hund diese Übung deutlich von den anderen unterscheiden kann, empfehlen wir, einen eigenen Geruch dazu zu nehmen. Wir werden diese Übung wieder schrittweise und dieses Mal mit Klicker beschreiben:

Schritt 1

Als Beispiel für diese Übung nehmen wir dieses Mal Vanillearoma. Sie können, wie gesagt, jeden beliebigen Geruch verwenden. Dieses ist nur ein Vorschlag. Nehmen Sie einen Tropfen Vanillearoma, wie man es in der Backwarenabteilung in Lebensmittelgeschäften finden kann und geben den auf fünf Liter Wasser. Das ist für den Hund noch deutlich genug. Wenn Sie die Spur riechen könnten, wäre der Geruch für den Hund viel zu stark. Füllen Sie von diesem Vanillewasser jetzt etwas in eine Sprühflasche, die man z. B. hat, um Pflanzen zu besprühen.

Sprühen Sie von diesem Wasser nun eine etwa zwei Meter lange und gerade Spur, beispielsweise auf einem Parkplatz. Halten Sie die Flasche dabei möglichst dicht über den Boden, damit die Spur nicht zu breit wird.

Nehmen Sie nun den Hund dazu und führen ihn zur Geruchsspur. Sie sollten den Klicker schon einsatzbereit haben! Viele Hunde zeigen wenigstens kurzzeitiges Interesse für diese Spur, und das sollten Sie natürlich klicken.

Wann immer der Hund zunächst zur Spur guckt und dann auch seine Nase in die entsprechende Richtung hinunternimmt bekommt er einen Klick und seine Belohnung.

In diesem ersten Schritt sollten Sie es schaffen, dem Hund klar zu machen, dass es um diese Spur geht.

Schritt 2

Im nächsten Schritt soll der Hund lernen, dieser Vanillespur in unserem Beispiel zu folgen. Sprühen Sie dazu vier Spuren, wieder von etwa zwei Metern Länge, die immer noch gerade verlaufen. Diese kurzen Spuren sollten auch mindestens zwei Meter Abstand voneinander haben.

Der Hund weiß ja inzwischen schon, dass es sich lohnt, sich nach der Spur zu orientieren, den dafür gab es immer einen Klick und ein Leckerchen. Jetzt reicht alleine das Orientieren nicht mehr, sondern er soll der Spur folgen. Der Hund soll also jetzt die Nase möglichst an der Spur haben und einen Schritt im Verlauf der Spur vorwärts machen, um seine Belohnung zu bekommen.

Sie erhöhen also die Kriterien, die erforderlich sind, um einen Klick zu verdienen. Hat der Hund diesen einen Schritt verstanden, werden wiederum die Kriterien erhöht auf zwei, dann drei, dann vier Schritte und so weiter.

Sie bringen dem Hund im diesem Fall im Prinzip durch freies Formen bei, der Vanillespur zu folgen.

Wie schnell Sie mit dem Hund alle vier Spuren abarbeiten können, liegt an Ihren Klickerfähigkeiten und an der Lerngeschwindigkeit des Hundes. Es kann sein, dass Sie zunächst einige Zeit mit einer Spur beschäftigt sind. Sollten Sie jedoch einen Schnelllerner haben, ist es sehr sinnvoll, man hat mehrere Spuren vorbereitet, damit man dem Hund Aufgaben bieten kann, ohne die bereits abgearbeitete Spur noch einmal verwenden zu müssen.

Anmerkung:

Wir haben schon öfter gesagt, dass wir nie genau vorhersagen können, was der Hund letztendlich verknüpft. Das können wir auch in diesem Fall nicht. Haben wir nun dem Hund mit dem Klicker beigebracht, dieser Spur zu folgen, wissen wir noch nicht, was er letztendlich gelernt hat.

- Folgt er wirklich der Vanillespur mit seiner Nase?
- Folgt er der sichtbaren Feuchtigkeitsspur mit seinen Augen?
- Folgt er vielleicht unserer Spur, die wir beim Sprühen der Vanillespur ja auch hinterlassen haben?
- Hat er vielleicht nur gelernt, die Nase am Boden zu halten und dass er auf der Spur ist, ist reiner Zufall?

Das können wir jetzt noch nicht sagen, werden das aber im Laufe des Trainings herauszufinden versuchen.

Schritt 3

Hat der Hund gelernt, dass es darum geht, der Spur zu folgen (mit der Einschränkung, die in der Anmerkung steht), können Sie jetzt immer anspruchsvollere Spuren versprühen. Beginnen Sie in diesem Schritt mit Winkeln. Sprühen Sie am besten wieder mehrere kurze Spuren mit unterschiedlichen Winkeln. Den Jackpot bekommt der Hund, sobald er den Winkel schön ausgearbeitet hat. Danach gibt es ein tolles Spiel oder eine ausgiebige Leckerchen-Zeremonie und dann erst geht es an die nächste Spur.

Üben Sie diesen Schritt so lange, bis der Hund sicher einem einzelnen Winkel folgt. Jetzt können Sie ausschließen, dass der Hund nur gelernt hat, die Nase am Boden zu halten. Er muss jetzt nämlich einen seiner Sinne einsetzen, um diesen Schritt zu bewältigen. Ob es wirklich die Nase ist, können wir aber immer noch nicht sagen.

Schritt 4

Legen Sie jetzt Vanillespuren mit variabel immer mehr Winkeln. Variabel bedeutet, dass der Hund nicht weiß, wie viele Winkel er abarbeiten soll. Mal sind es zwei, mal drei, mal einer, mal drei und so weiter. Steigern Sie also nicht jedes Mal die Anzahl der Winkel, sondern nur im Durchschnitt, damit sich der Hund nicht sonst irgendwann überfordert fühlt.

Sie üben immer noch auf demselben Untergrund wie seit Beginn, in unserem Beispiel also immer noch auf Asphalt.

Schritt 5

Experimentieren Sie jetzt mit unterschiedlichen Untergründen, wie zum Beispiel Schotter, Wiese, Acker, Fliesen in der Wohnung, Teppich und so weiter. (Achten Sie in der Wohnung darauf, dass sowohl Teppich als auch Fliesen nicht durch das Besprühen in Mitleidenschaft gezogen werden. Sicherheitshalber testen Sie also bitte erst an einer Stelle, die man nicht offen sieht, ob der Untergrund nicht beschädigt wird. Da es sich ja eigentlich nur um Wasser handelt, dürfte nichts passieren. Gehen Sie doch lieber auf Nummer Sicher!) Beginnen Sie dazu zunächst wieder mit einfachen kurzen Spuren. Erst wenn der Hund mit dem neuen Untergrund vertraut ist, können Sie die Spuren wieder schwieriger und länger machen.

Schritt 6

Üben Sie jetzt die Übergänge von den unterschiedlichen Untergründen. Fangen Sie wieder mit kurzen Spuren mit einfachen Untergründen an und werden Sie erst schwieriger in Ihren Anforderungen, wenn der Hund die einfachen Sachen ohne Probleme meistert.

Schritt 7

Jetzt wollen wir mal testen, ob der Hund wirklich der Vanillespur folgt, oder vielleicht doch eher seinen Augen oder unserer Spur. Dazu legen Sie zunächst eine Vanillespur. Als Nächstes legen Sie eine zweite Spur mit einer möglichst neuen Sprühflasche, in der mit Sicherheit noch keine Vanille gewesen ist. Diese Spur soll die erste überkreuzen.

Verfolgt der Hund jetzt die Vanillespur, ohne an der Kreuzung zu zögern oder gar in die Verleitungsspur überzuwechseln, ist die Wahrscheinlichkeit sehr hoch, dass er wirklich mit der Nase arbeitet.

Eine andere Möglichkeit, das zu testen, besteht natürlich darin, dass Sie die Spur so lange liegen lassen, bis alles Wasser verdunstet ist, die Spur also für das Auge nicht mehr sichtbar ist. Jetzt müssen Sie sich allerdings den Verlauf der Spur genauestens merken, damit Sie den Hund auch richtig belohnen können.

Wie man Spuren markieren oder sie sich auch ohne Markierung merken kann, ist ausführlich auf S. 165 beschrieben. Das können wir uns hier sparen.

Ihr so angelernter Hund kann dann wieder auf die vielfältigste Art und Weise gefördert werden. Seien Sie kreativ! Legen Sie die Spur als Schlangenlinien, als Schnecke, mit spitzen oder stumpfen Winkeln, bauen Sie Sackgassen ein. Wie wäre es mal mit einem Geruchslabyrinth?

Fangen Sie einfach an und steigern Sie die Anforderungen nur allmählich. Dann wird das schon klappen. Achten Sie nur darauf, dass die einzelnen Spuren so weit auseinander liegen, dass der Hund sie deutlich unterscheiden kann und nicht schon auf der nächsten Spur ist, wenn er nur ein bis zwei Schritte weiterläuft.

Bauen Sie auch mal Hindernisse in die Spur ein. Wie wäre es, wenn Sie den Hund mal mit der Geruchsspur über einen Agility-Parcours schicken? Das wäre schon fast wieder etwas für die Zaubervorführung mit Hund. Der kann dann nämlich den Parcours ohne Sie laufen. Wenn dann Zahlen an den Hindernissen stehen, ist das bestimmt beeindruckend!

Sie sehen, der Fantasie sind wirklich keine Grenzen gesetzt.

Kommandos aus Gerüchen

Die meisten Menschen denken, dass ihre Hunde auf die Wortkommandos hören, die sie ihnen geben. In Wirklichkeit achten die Hunde aber viel mehr auf unsere Körpersprache, weil das ihnen viel leichter fällt und sie wahre Meister im Lesen von Körpersprache sind. Gut ausgebildete Hunde lernen Wortkommandos *und* Handsignale als Kommandos. Wie wäre es denn mal mit einem Geruchssignal als Kommando?

Hat ein Hund zum Beispiel gelernt, sich auf Handsignal hinzusetzen und soll dann das Wortkommando dazu lernen, gibt man zuerst das Wortkommando und dann das Handzeichen. Für den Hund wird also das Wortkommando die Ankündigung des Handzeichens, das er ja schon versteht. Nach einigen Wiederholungen wird er sich alleine aufs Wortkommando hinsetzen und das Handzeichen gar nicht mehr abwarten. Wichtig ist also, dass das neue Kommando *vor* dem alten, bekannten Kommando gegeben wird.

Genauso geht man vor, wenn man dem Hund Geruchskommandos beibringen möchte. Nehmen Sie sich kleine Döschen mit verschiedenen Gerüchen. Sehr gut geeignet sind Salz- und Pfefferstreuer aus Edelstahl. Die haben kleine Löcher im Deckel, durch die der Hund den Geruch schön wahrnehmen kann. Flüssige Geruchsmittel kann man gut auf einen Wattebausch und dann in die Dose geben. Das Walnussöl hatten wir ja schon als Beispiel für das Bei-Fuß-Gehen. Wie wäre es mit einer Muskatnuss für das Sitz, einem Lorbeerblatt für das Platz oder wie auch immer? Der Fantasie sind keine Grenzen gesetzt. Nur sollte der Geruch nicht so stark sein, dass Sie ihn schon auf einen halben Meter Entfernung riechen können. Dann ist er für den Hund zu stark.

Analog zum Wortkommando wird jetzt das Geruchskommando aufgebaut:

Wiederholen Sie das mit einem Kommando so lange, bis der Hund beim Wahrnehmen des Geruchs schon weiß, was gleich kommen wird und verstanden hat, was Sie von ihm wollen. Dann kommt der nächste Geruchsstoff mit dem nächsten Kommando an die Reihe. Hat der Hund auf diese Art und Weise zwei oder drei Kommandos gelernt, können Sie sie mal abwechseln und sehen, ob er sie wirklich verstanden hat.

Setzt er sich schon hin, wenn Sie ihm nur das Döschen mit der Muskatnuss vorhalten?

Legt er sich hin, wenn dann das Döschen mit dem Lorbeerblatt unter seine Nase kommt? Gute Arbeit!

Wenn nicht, müssen Sie eben noch ein wenig trainieren.

Nun steht es ja fest, dass Hunde unsere Sichtzeichen viel leichter verstehen als unsere Wortkommandos. Wie sieht es jetzt aber mit den Geruchskommandos aus? Fällt es den Hunden leicht, sich an die Gerüche und ihre Bedeutung zu erinnern oder eher nicht? Wie würden Sie die Geruchskommandos einordnen? Da sind wir wieder bei einer spannenden Forschungsaufgabe!

Das ist wieder ein schönes Beispiel dafür, wie man seinen Hund schön geistig auslasten kann, und das auch noch bei schlechtem Wetter, wenn man keinen Hund (oder besser Mensch?) vor die Tür schicken möchte.

Der Hund lernt schreiben

Genauso wie ein Hund lernen kann, eine riesige Zahl an Spielzeugen kennenzulernen und zu bringen, kann er natürlich auch lernen, beliebig viele Gegenstände mit bestimmten Gerüchen zu bringen. (Bei den Spielzeugen spielt der Geruch mit Sicherheit auch keine untergeordnete Rolle.) Wie viele Gegenstände der Hund kennenlernt, ist eigentlich reine Fleißarbeit.

Möchten Sie Ihre Mitmenschen nicht einmal mit einem Hund in Erstaunen setzen, der schreiben kann? Wir zeigen Ihnen, wie das geht.

Sorgt für Verblüffung bei Zuschauern: Ein Hund, der seinen Namen schreiben kann.

Schritt 1

Sie benötigen für den Hund gut handhabbare »Buchstaben«. Diese Buchstaben sollten folgende Eigenschaften haben:

- Der Hund soll sie gut apportieren können.
- Wenn er sie ablegt, sollte man auf jeden Fall den Buchstaben erkennen können.
- Das Material sollte gut Gerüche aufnehmen, also nicht unbedingt Glas oder Metall sein.

Mögliche Vorschläge von uns wären einmal kleine Körbchen, die der Hund schön an den Henkeln tragen lernen soll. Auf wenigsten zwei Seiten des Körbchens sollte der Buchstabe aufgemalt oder aufgeklebt sein.

Zum anderen sind Würfel oder Bälle geeignet, die eine für den Hund passende Größe haben und wo auf jeder Seite oder über den Ball verteilt der entsprechende Buchstabe aufgemalt wird.

Schritt 2

Jedem Buchstaben muss jetzt ein Geruch zugeordnet werden. Soll Ihr Hund also das ganze Alphabet kennenlernen, sollten Sie etwas einfallsreich sein.

Eine schöne Anzahl an Gerüchen finden Sie unter den ganzen Duftölen. Von denen brauchen Sie aber nur wirklichen einen Tropfen und dann sollen Sie den damit behandelten »Buchstaben« noch eine Weile ausdünsten lassen. Sonst ist der Geruch für den Hund viel zu stark.

Schritt 3

Sie benötigen eine Art »Tafel«, auf die der Hund »schreiben« kann. Als Endziel soll der Hund wirklich ganze Wörter schreiben und eben auch die Buchstaben in der richtigen Reihenfolge anordnen. Natürlich kann man auch dieses Anordnen trainieren. Viel einfacher ist es jedoch, wenn der Hund nur die richtigen Buchstaben bringt und diese sich dann quasi von alleine »anordnen«. Eine Möglichkeit wäre zum Beispiel, dass der Hund lernt, die Buchstaben-Kugeln in einen Trichter fallen zu lassen. Über eine Röhre laufen sie auf eine Schiene. Für die richtige Anordnung der Buchstaben ist also nur das Bringen in der richtigen Reihenfolge von Bedeutung. Ähnlich könnte man es mit den Körbchen oder den Würfeln machen.

Haben Sie keine Lust auf solche Bastelarbeiten, können Sie natürlich auch der Assistent des Hundes sein, sich die Buchstaben geben lassen und der Reihe nach hinlegen.

In diesem Falle sind auch alle möglichen anderen Buchstaben geeignet, wie zum Beispiel die Holzbuchstaben, wie es sie für die Kinder zu kaufen gibt.

Schritt 4

Wir üben das erste Wort. Wie wäre es mit dem Namen Ihres Hundes? Zunächst muss er dazu alle Buchstaben einzeln lernen. Sie fangen also mit einem Buchstaben an. Hat Ihr Hund schon gelernt mit Geruchsmuster zu arbeiten (s. Seite 116), haben Sie es jetzt einfach. Sie haben mit dem »Buchstaben« auch ein Geruchsmuster vorbereitet, das dann auch entsprechend lange ausdünsten konnte. Gut geeignet als Muster sind zum Beispiel Holzstäbchen. Das Material sollte dem des Buchstabens entsprechen, damit die Unterschiede nicht zu groß sind.

Nennen Sie zuerst deutlich den Buchstaben, halten Sie anschließend dem Hund das Geruchsmuster vor die Nase und schicken Sie ihn auf die Suche. Hat er den Buchstaben gefunden, soll er ihn apportieren. Haben Sie bis jetzt zum Beispiel mit Hinlegen als Anzeige gearbeitet, muss der Hund jetzt das Apportieren lernen. Kann er es schon, geben Sie ihm einfach das Kommando, sobald er beim Buchstaben ist. Kann er das Apportieren noch nicht, ist es sowieso notwendig, dies unabhängig von dieser Übung zunächst einmal zu trainieren.

Wiederholen Sie diese Übung so oft, bis der Hund, nachdem Sie den Buchstaben gesagt haben, gar nicht mehr auf das Geruchsmuster wartet. Kennt Ihr Hund das Arbeiten mit Geruchsmuster nicht, gehen Sie so vor, wie ab Seite 23 beschrieben unter der Überschrift »Die freie Suche eines bestimmten Gegenstandes«. Nur brauchen Sie jetzt den Buchstaben nicht zu verstecken. Der kann ruhig offen liegen.

In diesem Schritt sollten Sie so lange üben, bis der Hund den Buchstaben bringt, wenn Sie ihn nennen.

Schritt 5

Wiederholen Sie Schritt 4 mit all den anderen Buchstaben, die im Namen des Hundes vorkommen.

Schritt 6

Jetzt geht es auch wieder an die Geruchsunterscheidung. Beginnen Sie mit zwei ausgelegten Buchstaben und lassen Sie den Hund einen davon bringen. Wenn Sie Glück haben, hat er schon den Namen des Buchstaben mit dem richtigen Geruch verknüpft. Dann gibt es natürlich einen Jackpot!

Hat der Hund Schwierigkeiten, können Sie noch mal mit Geruchsmuster arbeiten, sofern er es kennt. Kennt er die Arbeit mit Geruchsmuster nicht, hilft nur geduldiges Üben. Sie können sich die Anweisung auf Seite 103 zu Hilfe nehmen, wo es auch darum geht, dass der Hund irgendeinen Tannenzapfen bringt und gar nicht auf den Geruch achtet. Üben Sie diesen Schritt so lange, bis Ihr Hund zu 80 oder besser noch 90 % den richtigen Buchstaben bringt.

Schritt 7

Jetzt fügen Sie den nächsten Buchstaben hinzu. Ihr Hund muss jetzt also aus dreien den von Ihnen genannten Buchstaben auswählen. Wechseln Sie die Buchstaben immer mal wieder ab. Gehen Sie auch hier erst zum nächsten Schritt über, wenn der Hund in 90 % der Fälle den richtigen Buchstaben bringt.

Schritt 8

So wie in Schritt 7 werden jetzt nach und nach alle Buchstaben einzeln zu den bereits bekannten hinzugefügt, bis der Hund schließlich alle Buchstaben seines Namens auf Ihre Anweisung hin bringen kann.

Schritt 9

Jetzt geht es wirklich ans Schreiben. Wir werden dem Hund seinen Namen als Verhaltenskette beibringen. Da man eine Verhaltenskette praktischerweise von hinten anfängt, beginnen Sie mit dem letzten Buchstaben im Namen des Hundes. Nehmen wir als Beispiel »DAMON«. Zuerst soll der Hund also den Buchstaben N bringen. Haben Sie sich eine Apparatur für die Buchstaben gebaut, sollte der Hund diese spätestens in diesem Schritt benutzen.

Der Hund bringt also den Buchstaben N und lässt ihn zum Beispiel in den Trichter fallen. Danach gibt es einen riesigen Jackpot.

Wiederholen Sie das einige Male.

Schritt 10

Nun bekommt der Hund das Kommando O. Hat er das O gebracht und in den Trichter fallen gelassen, wird er mit dem Kommando N belohnt. Dadurch, dass Sie das N im letzten Schritt einige Male mit einem Jackpot verknüpft haben, wird der Hund es freudig bringen.

Schritt 11

Auf diese Art und Weise bauen Sie jetzt die ganze Verhaltenskette von hinten auf. Der Hund bringt also zunächst die Buchstaben MON, dann AMON und schließlich DAMON.

Schritt 12

Noch geben Sie jeden Buchstaben extra vor. Vor jedem Buchstaben, den der Hund bringt, bekommt er zuvor noch das entsprechende Kommando. Vielleicht merken Sie aber schon, dass er die richtige Reihenfolge schon kennt. Auf jeden Fall bekommt die ganze Verhaltenskette jetzt einen neuen Namen: »Schreib mal Damon« oder »Schreib deinen Namen«. Die Kommandos zwischendrin werden Sie nach und nach weglassen können.

Sie können die Buchstabenkette auch vorwärts aufbauen und damit recht schnell beeindruckende Erfolge erzielen, indem Sie das D, also den ersten Buchstaben, ganz besonders belohnen. Dann wird der Hund den auch immer zuerst bringen. Der zweite Buchstabe wird dann nicht ganz so gut, aber besser als der dritte belohnt usw. Die Kunst besteht dann darin, eine solche Abstufung an Belohnungen zu haben.

Problematisch ist dieser Trainingsaufbau nur dann, wenn Sie viele Vorführungen machen, bei denen der Hund immer nur am Ende belohnt wird.

Dann wird die Kette nämlich irgendwann zusammenbrechen, weil er den letzten Buchstaben zuerst bringen wird, weil das der ist, der sich am meisten lohnt.

Anmerkung:

Achten Sie darauf, dass Sie die Buchstaben getrennt aufbewahren, zum Beispiel in verschiedenen Plastiktüten. Sonst kann es sein, dass sich die Gerüche vermischen und der Hund Schwierigkeiten hat, sie zu unterscheiden.

So hat Ihr Hund gelernt, seinen Namen zu schreiben. Auf diese Art und Weise kann er natürlich auch viele andere Worte schreiben lernen. Wie wäre es, wenn Sie den schreibenden Hund in Ihre Zaubervorstellung einbauen würden: »Meine sehr verehrten Damen und Herren! Mein Hund schreibt Ihnen jetzt den Namen des großen Zauberers, der Sie nachher mit seinem Können erstaunen wird.« Dazu wäre wohl ein Trommelwirbel angebracht!

Der Hund kann lesen

Während es in dem Buch »Die Hunde-Uni« darum geht, ob der Hund wirklich Buchstaben bzw. Wörter unterscheiden kann, wollen wir hier ein wenig schummeln. Wir helfen dem Hund mit einem Targetduft (siehe S. 32). Für diese Übung brauchen Sie mehrere gleich aussehende Teppichreste oder Fußmatten.

Schritt 1

Eine dieser Fußmatten wird mit dem Targetduft präpariert und der Hund lernt zunächst, sich auf diese Matte zu legen.

Schritt 2

Der Hund lernt, zuverlässig zu seiner Matte zu laufen, auch wenn Sie sie immer weiter weg platzieren, indem Sie die Entfernung zur Matte ganz allmählich vergrößern.

Schritt 3

Führen Sie das Kommando ein »Auf deinen Platz!« Sagen Sie immer kurz bevor der Hund sowieso auf die Matte läuft, weil Sie eben das gerade üben.

Schritt 4

Der Hund muss die Matte erst suchen, bevor er sich darauf legen kann. Beginnen Sie mit der Matte leicht außer Sicht, aber immer noch relativ nah, dass der Hund schnell Erfolg hat. Dann machen Sie das Versteck immer schwieriger. Jetzt kommt der Targetduft erst so richtig zum Einsatz.

Schritt 5

Jetzt liegen auch die anderen Matten herum. Der Hund ignoriert die und läuft nur zur mit Targetduft präparierten Matte. Zuerst liegt die präparierte Matte näher als die anderen, um Fehler zu vermeiden. Erst allmählich wird dann auch mal eine neutrale Matte näher gelegt. Sollte der Hund sich für diese Matte entscheiden, wird er gar nicht beachtet. Geben Sie ihm noch einmal das Signal »Auf deinen Platz!« Erst, wenn er auf der richtigen Matte ist, wird er überschwänglich gelobt.

Schritt 6

Legen Sie jetzt mehrere Matten nebeneinander. Eines davon ist die präparierte. Der Hund sollte die zuverlässig heraussuchen, auch wenn die Orte vertauscht werden.

Schritt 7

Jetzt können Sie hinter die Matten Schilder mit Hundenamen stellen. Hinter der präparierten Matte steht das Schild mit dem Namen Ihres Hundes. Wenn Sie ihn jetzt auf seinen Platz schicken, können Sie damit Zuschauern vorspielen, Ihr Hund könnte lesen.

Dufte Kiste

Mit der präparierten Matten können Sie dem Hund auch gut beibringen, dass er gerne in die Box geht. Dazu legen Sie die Matte mit dem Targetduft in die Hundebox und schicken dann den Hund auf seinen Platz.

Anfangs lassen Sie dazu die Box natürlich noch auf. Sie können trainieren, dass der Hund schön mit Tempo in die Box läuft.

Im nächsten Schritt trainieren Sie, dass der Hund etwas länger in der Box liegen bleibt. Wenn er drei Minuten lang in der offenen Box liegen kann, dann können Sie die Türe auch schon mal für eine halbe Minute schließen.

Machen Sie ein Spiel aus dem Training. Verstecken Sie die Box in unterschiedlichen Zimmern, damit der Hund sie zuerst suchen muss. Am Suchen und am Spiel mit dem Targetduft wird der Hund Spaß haben. Diesen Spaß wird er auch mit der Box verknüpfen. So können Sie dem Hund die Box mit sehr viel Spaß beibringen. Dabei ist wichtig, dass Sie ihn nicht in der Box einsperren, bevor Sie ihn soweit trainiert haben, dass er das schon gut kann.

Sie können die Box auch weiterhin spannend machen, indem Sie zum Beispiel den Zugang erschweren. So können Sie die Box einige Zentimeter anheben und den Hund dann einsteigen lassen. Sie können die Box auch auf einen Sessel stellen usw. Machen Sie ein Spiel aus dem Boxentraining. Der Targetduft ermöglicht Ihnen einen schönen Einstieg dazu.

Das kann man übrigens auch schon schön mit Welpen beginnen. Auch die haben Spaß, wenn sie so ein Boxentraining machen dürfen.

Spurensuche

Was wir hier im Folgenden beschreiben, nennen wir Spurensuche, weil wir es ganz bewusst von der Fährtenarbeit unterscheiden möchten. Denn es ist etwas völlig anderes.

Das Fährten möchten wir hier nicht näher beschreiben, weil es erstens schon einiges an Literatur darüber gibt und weil wir zweitens denken, dass wir die Hunde beim Fährten maßlos unterfordern und damit langweilen. Übrigens fanden wir es auch immer sehr langweilig, eine Fährte zu stampfen und immer wieder Leckerchen in den Fußabdrücken zu deponieren.

Vor einiger Zeit haben wir mal beobachtet, wie ein damals noch junger Hund (er war da höchstens 12 Wochen alt) eine Spur einer Katze verfolgte. Wir hatten vorher die Katze über die Wiese gehen gesehen. Kurz hinter einem Maulwurfshügel änderte sie ihre Richtung fast im rechten Winkel. Sie ging dann so etwa zehn Meter geradeaus, um dann scharf nach links abzudrehen und über die Mauer zu verschwinden. Als der Welpe kurz darauf in den Garten kam, lief er genau dieser Spur nach. Auch die Winkel nahm er perfekt. An der Mauer schnüffelte er kurz herum, ehe er seine Aufmerksamkeit anderen Dingen zuwandte.

Das Spurensuchen liegt den Hunden im Blut, wie brauchen es sie nicht zu lehren.

Da fiel bei uns beiden so manch ein Groschen. Die Katze hatte keine Spur gestampft, sondern sie ist ja sogar extrem leichtfüßig. Auch wurden die Winkel nie mit dem Hund trainiert. Er konnte es einfach. Deshalb meinen wir, dass die Hunde beim Fährtentraining so unterfordert werden. Es werden ewig lang Dinge geübt, die ihnen eigentlich schon mit in die Wiege gelegt sind. Hier wären wir wieder bei der oben beschriebenen Strafarbeit. Eigentlich sehr langweilig.

So denken wir zum Beispiel auch, dass die Hunde mit Winkeln nur deshalb Schwierigkeiten haben, weil sie zuerst über eine lange Zeit lernen, dass Fährten gerade sind. Wir bauen sehr schnell Winkel ein und die Hunde haben keine Probleme damit.

Eine weitere Sache, die uns beim Fährten nicht ganz so gefällt, ist, dass der Hund dabei extrem auf die Bodenverletzungen trainiert wird, denn er soll den Fußabdrücken so genau wie möglich folgen. Es sind schon Versuche beschrieben worden, dass ein Mensch eine Fährte ein Stück gelegt hat, dann wurde er mit einem Kran abgehoben. Stattdessen wurde ein Rad eingesetzt mit demselben Gewicht, an dem dieselben Schuhe befestigt waren in der Schrittlänge, die auch der Mensch gemacht hat. Die Hunde folgten dieser künstlichen Spur, ohne dass ein Unterschied bemerkt wurde.

Ein anderer Versuch beschreibt zwei V-förmige Fährten, die von zwei unterschiedlichen Menschen gelegt wurden in der Art, dass die Spitzen aneinander lagen. Wurden die Hunde auf dem einen Schenkel der einen Fährte angesetzt, wechselten sie an der Spitze auf die andere Fährte über, obwohl sie damit ja eigentlich einer ganz anderen Spur folgten.

Diese Versuche bestätigten uns, wie wenig das Fährtentraining mit der Natur der Hunde zu tun hat.

Der Leser, der trotz alledem gerne und begeistert fährtet, möge uns an dieser Stelle verzeihen. Unser Widerwillen in Sachen Fährten liegt sicher auch darin begründet, wie wir es einst gelernt haben. Und wie überall gibt es solche und solche Trainer. Wir möchten hier also niemandem das Fährten vermiesen, höchstens mal zu einem kritischen Hinterfragen anregen.

Aber nun zum Spurenlegen, damit Sie sich noch mehr Ihr eigenes Bild machen können:

Der Geruch

Was sind nun eigentlich die Geruchsstoffe? Was riecht der Hund, der eine Spur verfolgt?

Geruchspartikel sind chemische Stoffe, die sich in der Umwelt befinden und von einem Lebewesen wahrgenommen werden. Schon Einzeller können bestimmte chemische Stoffe entdecken. Der Geruchssinn ist in erster Linie dazu notwendig, dem Körper lebensnotwendige Ressourcen zu entdecken und ihn vor schädlichen Stoffen zu schützen.

Zu diesen lebenswichtigen Ressourcen gehören Futter, z. B. Beute, Wasser, aber auch Sozialpartner für ein geschütztes Zusammenleben und – was letztendlich am wichtigsten ist – für die Fortpflanzung.

Es wird noch viel spekuliert, was der Hund nun letztendlich riecht, wenn er eine menschliche Spur verfolgt. Das könnten Moleküle sein, die vom Körper abgegeben werden oder aber auch Zersetzungsprodukte der Hautzellen. So verliert der Mensch pro Minute rund 40.000 alte Hautzellen. Die sind jeweils mit Bakterien beladen. Über unsere gesamte Hautoberfläche haben wir Bakterien verteilt, einige Tausend bis gar Millionen pro Quadratzentimeter. Eine abgestorbene Hautzelle dient dann den zwei bis drei Bakterien, die sich darauf befinden, als Nahrung. Dadurch entstehen Stoffwechselprodukte und Gase, die den Geruch mit ausmachen.

Dann spielt es natürlich auch eine Rolle, was der Hund lernt. Bei der Fährtensuche soll der Hund als Beispiel direkt auf der Spur laufen. Da wird immer davon gesprochen, dass er die Bodenverletzung riecht, also diejenigen Stoffe, die durch die abgestorbenen Mikroorganismen oder Pflanzenteile und durch deren Abbau von Bakterien entstehen. Einige Versuche, die bei der Fährtensuche mit unterschiedlichen Personen gemacht wurden und an anderer Stelle beschrieben werden, scheinen das zu bestätigen. Unserer Meinung nach ist das aber etwas Unnatürliches, was dem Hund künstlich auftrainiert wird. Damit wird die Arbeit des Hundes künstlich eingeschränkt, wohl damit man als Mensch es einfacher hat, weil man weiß, wo die Fußabdrücke sind, nicht aber wo der Geruch ist, nach dem sich der Hund orientiert.

Man weiß inzwischen auch schon eine ganze Menge, wie Hunde oder auch andere Tiere über bestimmte Duftstoffe, die sogenannten Pheromone, kommunizieren. Es gibt in einer Tierart viele unterschiedliche Pheromone, die zur Übermittlung von einer ganzen Reihe an Informationen dienen. So geben diese Pheromone ein ziemlich genaues Bild über Geschlecht, Alter und Stimmung dessen, der diese Stoffe abgegeben hat. Das gilt für die Kommunikation innerhalb einer Tierart. Sogar beim Menschen werden viele Informationen über Pheromone übermittelt, deren wir uns nur nicht bewusst sind.

Wir denken, es wäre für den Hund etwas uneffektiv, wenn er sich mit Gerüchen von Bodenverletzungen begnügen würde, wo er doch viel mehr Informationen bekommen kann. Das gilt natürlich besonders, da der Hund in den meisten Fällen sehr gut auf den Menschen sozialisiert ist, also mit dessen Pheromonen und bestimmt auch mit deren Bedeutung vertraut ist.

Auch haben alle unsere Zellen bestimmte Eiweißmoleküle, die dem eigenen Körper erlauben, zwischen fremd und eigen zu unterscheiden. Sie sind sehr individuell. Auch das könnte der Hund riechen. Das sind natürlich Spekulationen, die solange nicht bewiesen werden können, bis es Kartierungen des Gehirnes über die Wahrnehmung der einzelnen Duftstoffe gibt.

Es gibt bis jetzt eben nur bestimmte Hinweise, die diese Vermutung unterstützen. Die oben erwähnten Eiweißmoleküle sind zum Beispiel genetisch festgelegt und sind so von Individuum zu Individuum etwas unterschiedlich. Es wurde festgestellt, dass Bloodhounds bei eineiigen Zwillingen Schwierigkeiten haben, diese zu unterscheiden, nicht jedoch bei zweieiigen Zwillingen.

Wir möchten hier ein Modell beschreiben, wie man sich den Geruch auf der Spur ganz gut vorstellen kann. Die meisten Verhaltensweisen des Hundes auf der Spur lassen sich damit auch gut erklären. Wie gesagt: Es ist nur ein Modell, das für uns Menschen aber ganz nützlich ist, weil wir mit dessen Hilfe uns etwas besser in die Arbeit des Hundes hineinversetzen können. Bis jetzt kann eben niemand sagen, was ganz genau vor sich geht. Und dann kommt es eben auch darauf an, was der Hund letztendlich wahrnimmt. Das können wir uns wieder anhand unseres Sehsinnes deutlich machen. Der eine guckt anderen Menschen gerne in die Augen und prägt sich diese auch am ehesten ein, der andere sieht lieber auf die Figur und kann sich das besser merken. Oder jeder kennt die Diskussion bei kleinen Kindern, ob sie wohl eher Mama oder Papa gleichen. Und auch das hängt davon ab, was die jeweilige Person zuerst wahrnimmt, Augen, Nase, Mundpartie und so weiter.

Jeder Mensch strömt für den Hund einen Geruch aus. Aus was der besteht, haben wir weiter oben schon spekuliert, ist aber letztendlich jetzt nicht so wichtig. Wahrscheinlich nimmt der Hund auch unterschiedliche Gerüche wahr, die sich für ihn dann zu einem recht umfangreichen Bild ergänzen. Stellen wir uns einen Menschen vor, der an einer Stelle unbeweglich steht. Die Geruchsmoleküle, die diesen Mensch verlassen, diffundieren in die ihn umgebende Luft. Um den Menschen herum entsteht also eine kreis- oder besser gesagt kugelförmige Duftwolke. Bewegt sich dieser Mensch, wird aus der Duftkugel eine Duftröhre. Diese Duftröhre bleibt natürlich nicht lange bestehen, sondern verändert sich, vielleicht so ähnlich wie der Kondensstreifen eines Flugzeuges. Zum Teil werden die einzelnen Duftteilchen sicher einfach verweht, zum Teil sinken sie auf den Boden hinab. Je schwerer die Teilchen sind, desto gerade fallen sie nach unten. Das erklärt, dass viele Hunde auf einer sehr frischen Spur eher mit etwas höherer Nase laufen. Sie brauchen gar nicht am Boden zu suchen, weil sie ja im Prinzip in einem Tunnel aus Geruchsstoff laufen. Je älter die Spur ist, desto tiefer geht erfahrungsgemäß die

Stehender Mensch – kugelförmige Duftwolke ...

Nase, weil sich mit der Zeit die Geruchsteilchen am Boden absetzen. Wo sich die Geruchspartikel, die der Hund verfolgt, nun gerade befinden, hängt aber nicht nur vom Alter der Spur ab, sondern auch von den Luftverhältnissen. Wind treibt die Duftröhre natürlich weg, und der Hund kann einige Meter neben der Spur laufen, die der Mensch eigentlich gegangen ist, es sei denn, er ist auf die »schwere« Spur trainiert, die er viel genauer verfolgen kann. Die »schwere« Spur wird eben von den schweren Teilchen gebildet, die an Ort und Stelle nach unten sinken.

Starker Wind kann unsere bildhafte Duftröhre förmlich zerfetzen. Wenn starker Wind von vorne kommt, kann man während der Suche einer frischen Spur beobachten, dass der Hund zwischendurch den Geruch verliert, um immer wieder »Geruchsfetzen« zu finden. Es hängt natürlich vom Trainingsstand des Hundes ab und von seinen Erfahrungen, wie er damit umgehen wird. Kommt starker Wind von der Seite, ist es ab einer gewissen Windstärke für den Hund nicht mehr möglich zu arbeiten. Wir haben aber auch gesehen, dass Hunde, die die schwere Spur trainiert sind, selbst bei starkem Wind sicher auf

... bewegt er sich – Duftröhre.

der Spur bleiben. Warme Luft steigt nach oben und mit ihr die Geruchsstoffe. Sucht der Hund zum Beispiel bei etwas kühlerem Wetter mit tiefer Nase im Schatten, beobachtet man oft, dass die Nase höher geht, wenn er an einen sonnigen Abschnitt kommt.

Dieses Modell erklärt auch, weshalb alte Spuren anders riechen als frisch gelegte. Der Geruch wird nicht nur weniger, verändert sich also quantitativ, sondern auch qualitativ, indem eben die flüchtigen Teilchen verschwinden, während die anderen zu Boden sinken. Die Riechleistung des Hundes wird dann sicher auch davon abhängen, aus wie vielen verschiedenen einzelnen Stoffen er sich sein Geruchsbild letztendlich zusammensetzt.

Bei sehr sonnigem Wetter mit heißer, trockener Luft, können sich die Geruchsteilchen besser in der Luft verteilen, sie verschwinden also eher als bei feuchtem Wetter. Dadurch konserviert feuchtes Wetter oder auch der Tau eine Spur in gewisser Hinsicht. Zur Suche eignen sich also die Morgen- oder Abendstunden am besten. Im Training sollten Sie jedoch ruhig unter allen möglichen Wetterverhältnissen üben, damit Sie Ihren Hund und dessen Leistungen immer besser kennenlernen.

Man kann den Hund sehr gut alleine die Arbeit machen lassen. Sie können ihm sowieso nicht sagen, wo der Geruch ist. Es gibt aber Fälle, in denen ist unser Verstand gefordert. Es kann zum Beispiel sein, dass der Hund den zu suchenden Geruch in der Nase hat, aber nicht mehr weiterkommt. Dann müssen Sie Wind-, Wetter- und Geländeverhältnisse beachten, um Ihren Hund da wieder anzusetzen, wo er wahrscheinlich wieder Erfolg haben wird.

Man kann den Hund trainieren, mit der Nase am Boden (z. B. Fährtenhund), mit halbhoher Nase (z. B. Spurensuchhund) oder mit hoher Nase (z. B. Flächensuchhund) zu arbeiten. Das sind eigentlich für uns Menschen künstliche Unterscheidungen. Lässt man den Hund alleine arbeiten, wird er sicher die Arbeitsweise wählen, die ihn am schnellsten zum Erfolg führt, ohne groß zu unterscheiden.

Allerdings kann der Hund eben auch ganz speziell auf eine bestimmte Arbeit trainiert werden. Und dann muss man sich klar machen, was man dem Hund damit beigebracht hat oder muss sich auch immer wieder fragen, ob man ihm wirklich das beigebracht hat, was man gerne wollte.

Wir können dem Hund nun mal nicht sagen, was er suchen soll. Wir können es ihm nur über den Trainingsaufbau deutlich zu machen versuchen. Und dazu ist es wichtig, so viel wie möglich einmal über das Lernen der Hunde, aber auch über Geruch und alles was damit zusammenhängt zu wissen. Mit diesem Wissen muss man dann seinen Trainingsaufbau immer wieder kritisch hinterfragen.

Wir bringen dem Hund gerne bei, die »schwere« Spur mit tiefer Nase zu verfolgen. Das hat den Vorteil, dass der Hund auch bei Wind sehr genau da läuft, wo der Mensch gegangen ist. Außerdem bringt das besonders an Kreuzungen oder in der Stadt viele Vorteile (siehe S. 165).

Aber nun wieder in die Praxis:

Das Spurenlegen

Ehe wir in die Praxis gehen, erst noch einige wichtige »Trockenübungen«, damit meinen wir Übungen ohne Hund. Denn später beim Training mit dem Hund ist es ungeheuer wichtig, dass Sie den genauen Verlauf der Spur, die Sie gelegt haben oder jemand anderes für Sie gelegt hat, kennen. Das sollte man durchaus schon vor der Arbeit mit dem Hund trainiert haben und können. Denn wenn Sie später mit dem Hund arbeiten, sollen Sie sich auf ihn konzentrieren, nicht darauf, ob Sie überhaupt noch wissen, wo die Spur verläuft.

Nehmen Sie sich für den Anfang ein Blatt Papier auf einer Schreibunterlage mit ins Gelände. Versuchen Sie die Spur so genau wie möglich aufs Papier zu bringen.

Eine Möglichkeit, mit der wir sehr gut klar kommen, werden wir Ihnen beschreiben. Das heißt aber nicht, dass Sie nicht vielleicht eine bessere finden.

Wichtig sind folgende Kriterien:

- Die Spur muss eindeutig festgelegt sein, um sie damit auch unter Umständen noch zwei Tage später verfolgen zu können.
- Die verwendeten Zeichen sollten knapp, aber so deutlich sein, dass sie auch ein zweiter verstehen kann.

Als Erstes sollten Sie einen Startpunkt und eine Richtungsangabe festlegen. Das könnte durch eine bestimmte Markierung geschehen oder anhand eines im Gelände befindlichen Anhaltspunktes. Seien Sie bei Dingen wie z. B. Maulwurfshügeln vorsichtig. Vielleicht hat der Maulwurf am nächsten Tag

Bewegt man sich quer zu der alten Eiche, werden die Zaunpfählchen davor sich relativ zur Eiche verändern. An einem ganz bestimmten Punkt befinden sie sich genau auf einer Linie mit der Eiche. Dadurch ist dieser Punkt eindeutig festgelegt.

einige zusätzliche Hügel geschaufelt und Sie wissen nicht mehr, welcher es nun war.

Für die Richtung wählen Sie sich einen bestimmten Punkt in der Entfernung, auf den Sie sich gerade zubewegen.

Möchten Sie dann einen Winkel legen, sollte auch dieser eindeutig festgelegt sein. Während Sie auf Ihrer Geraden auf das gewählte Ziel in der Entfernung zugehen, sehen Sie sich um nach zwei unterschiedlich entfernten Fixpunkten. Wenn Sie sich bewegen, werden Sie diese Punkte immer unterschiedlich wahrnehmen. Sie werden sich einander nähern, sich an einer Stelle überlappen, um sich dann wieder voneinander zu trennen. Die Stelle, an der sich die beiden gewählten Fixpunkte aus Ihrer Sicht überlappen, stellt nun wieder eine eindeutige Markierung dar. Das Beispiel auf den Fotos wird es deutlicher machen. Die gedachten Fixpunkte sind das linke der vier Weidezaunpfählchen und die Eiche. Je weiter man geht, desto näher kommen sich die beiden scheinbar, bis sie schließlich in genau einer Linie stehen. Und genau an dieser Stelle ist unser Winkelpunkt.

Es lohnt sich, einige Mühe auf den Verlauf, das Notieren und die Markierung von Spuren zu verwenden.

Von hier aus wählen Sie sich dann wieder einen Punkt in der Ferne, der die neue Richtung bestimmt, und damit ist Ihr Winkel genau festgelegt. Wenn Sie Ihre eigenen Spuren legen, werden Sie später das Aufschreiben gar nicht mehr brauchen, obwohl wir empfehlen, es in Form eines Trainingstagebuches weiterzuführen.

Da sollte dann auch der Zeitpunkt notiert werden, wann die Spur gelegt wird, das Wetter, dann der Zeitpunkt, wann der Hund die Spur bearbeitet, wieder das Wetter, die Windrichtung, die Ergebnisse oder Schwierigkeiten. Dann kann man immer den Verlauf der Ausbildung kontrollieren.

Eine andere Möglichkeit ist die, dass Sie die Spur markieren. So hat eine unserer Kursteilnehmerinnen rote Plastikheringe zum Zelten, die sich dafür hervorragend eignen. Allerdings sollten Sie nicht einfach immer an einen Winkel einen Hering stecken. Das könnte dem Hund zu schnell eine Hilfe werden. Sie könnten die Heringe aber scheinbar wahllos an der Spur verteilen, auch in unterschiedlichen Abständen (soweit eben Ihre Arme reichen, ohne die Spur zu verlassen). Dann haben Sie sich zusätzliche Anhaltspunkte geschaffen, um sich besser zurechtzufinden. So könnte es dann zum Beispiel drei Schritte nach der vierten Markierung im rechten Winkel nach rechts gehen auf die von da aus dritte Markierung zu und so weiter.

Ein Vorteil in der Arbeit mit solchen Markierungen liegt darin, dass Sie sich auch Anhaltspunkte schaffen können, wo keine so eindeutigen vorhanden sind.

Ein Nachteil dieser Art der Markierung ist der, dass sie relativ orts- und/oder zeitgebunden ist.

Wenn Sie damit eine Spur fünf Kilometer von zuhause entfernt legen, können Sie sie schlecht dort über Nacht liegen lassen, weil Sie sonst unter Umständen am nächsten Tag keine Heringe mehr haben.

Für längere Spuren nehmen wir auch gerne Wäscheklammern mit Bändchen als Markierungen. Die kann man gut an irgendwelchen Ästen festklammern und damit ähnlich einer Schnitzeljagd den Weg markieren. Wenn Sie mit farbigen Wäscheklammern arbeiten, könnten zum Beispiel blaue bedeuten »Das ist der richtige Weg« und rote »Hier hinter geht es sofort rechts rein«, oder was auch immer man sich vorher ausdenkt.

Lassen Sie einen so markierten Weg mit diesen Erklärungen mal ein oder zwei Freunde gehen. Dann fällt am ehesten auf, wo es noch Unklarheiten gibt. Es ist immer erstaunlich, wie unterschiedlich wir doch unsere Umgebung wahrnehmen und wie schwierig es ist, eindeutige Absprachen zu treffen.

Leinentraining für den Menschen

Bevor wir jetzt mit dem Hund arbeiten, noch eine weitere wichtige Trockenübung. Wir werden die Spurensuche hier an der langen Leine beschreiben. Die lange Leine dient dabei zum einen zur deutlichen Unterscheidung für den Hund. So haben wir zum Beispiel auch Rettungshunde in der Ausbildung, die in der Flächensuche ohne Leine arbeiten. Kommen die an die Leine, heißt das, dass sie jetzt nicht mit hoher Nase nach irgendeinem menschlichen Geruch suchen, sondern eben einer genau vorgegebenen Spur folgen sollen. Ist die Unterscheidung deutlich genug, auch in der Verwendung der Kommandos und im Trainingsaufbau, kann der Hund durchaus auch solche unterschiedlichen Sucharten lernen. Das hängt aber auch vom Hund ab, von der Ein-

Wäscheklammern mit farbigen Bändchen eignen sich gut als Markierung.

deutigkeit des Hundeführers und der Zeit, die für das Training zur Verfügung steht. Manche Ausbilder sagen dann, man solle zunächst mit der genaueren Arbeit, also dem Fährten oder der Spurensuche beginnen, um dann erst die Flächensuche zu trainieren. Andere sagen es wieder genau anders herum. Wir denken, es sollte jeder Ausbilder lernen, ein Gespür zu entwickeln, welchen Hund und welchen Hundeführer er da vor sich hat, um das jeweils Richtige für das bestimmte Team herauszufinden. Und jeder Ausbilder sollte auch flexibel genug sein, mal etwas anderes auszuprobieren, sofern es mit den Gesetzen des Lernens übereinstimmt, um möglichst viele Möglichkeiten kennenzulernen.

Ein weiterer Vorteil der langen Leine ist der, dass damit auch zum Wildern neigende Hunde diese Art der Übung gut machen können. Man braucht keine Angst zu haben, dass der Hund einem wegläuft. Und gerade die Spurensuche dient uns oft als ein Teil der Therapie bei einem jagenden Hund, weil sie für ihn eine gute Alternative bietet. Wenn sie auf der Spur sind, vergessen die Hunde nach einigem Training ihre jagdlichen Vorlieben.

Die lange Leine kann außerdem ein sehr wichtiger Hinweis beim Lesen des Hundes sein, wenn es also darum geht, zu erkennen, was der Hund gerade signalisiert. So sollte die Leine zum Beispiel immer leicht auf Spannung gehalten werden. Für die Reiter unter Ihnen ist das wohl am deutlichsten zu erklären mit den angestellten Zügeln am Pferd. So wie über die Zügel eine feine Verbindung zum Pferdemaul geschaffen werden soll, stellt die Leine eine so feine Verbindung zum Hund dar. Zögert der Hund jetzt – aus was für Gründen auch immer – nehmen wir das am Ende der Leine sofort wahr. Die Leine wird also zum »heißen Draht« zum Hund.

Dazu ist aber auch ein entsprechend sensibles Führen der Leine die Voraussetzung. So sollte die Spannung der Leine immer gleich sein, auch wenn der Hund die Richtung oder das Tempo ändert.

Und damit kommen wir auch endlich zu unserer Trockenübung. Schnallen Sie die Leine an einem festen Punkt, z. B. einem Zaun, an und trainieren Sie zunächst einmal das Aufnehmen und das Nachgeben der Leine, so dass die Spannung möglichst gleich bleibt. Sie werden merken, dass das gar nicht so einfach ist.

Üben Sie das Aufnehmen und Nachgeben der Leine zuerst ohne Hund. Es ist gar nicht so einfach.

Da die Leine ja jetzt an einem Punkt fest ist, müssen Sie sich dazu vor- und zurückbewegen. Beim Nachgeben der Leine können Sie sie einfach durch Ihre Hände rutschen lassen. Dafür ist es wichtig, dass Sie mit Handschuhen arbeiten, um sich nicht zu verletzen. Das würden wir Ihnen überhaupt immer bei der Arbeit mit langer Leine empfehlen. Sie können die Leine aber auch Stück für Stück nachgeben. Probieren Sie, was Ihnen leichter fällt und wie Sie die Spannung besser gleich halten können.

Markieren Sie sich die Leine kurz vor dem Ende, zum Beispiel mit einem Knoten. Dann wissen Sie ohne hinzusehen immer, dass ab da kein weiteres Nachgeben mehr möglich ist, weil Sie sonst die Leine verlieren.

Beim Aufnehmen der Leine müssen Sie Stück für Stück vorgehen. Je nachdem, wie weit Sie Ihre Hände dabei auseinander nehmen, können Sie das Tempo variieren. Versuchen Sie auch ganz schnell die Leine aufzunehmen. Das ist wichtig, wenn der Hund plötzlich stehen bleibt. Wenn Sie mit der befestigten Leine die Spannung einigermaßen halten können, nehmen Sie sich einen Mensch als Hundersatz und üben Sie das mit ihm. Er hält die Leine und

Üben Sie mit einem Mensch als Hundeersatz. Schaffen Sie es, die Spannung immer gleich zu halten?

gibt Ihnen beim Gehen ein Feedback, wie sich das anfühlt. Ist die Spannung gleich oder gibt es mehr oder weniger große Schwankungen? Nach einiger Zeit kann Ihr »Hund« jetzt auch mal deutlich seine Geschwindigkeit abwechseln, um Sie immer mehr herauszufordern.

Diese Übung ist besonders wichtig für sensible Hunde oder solche, die über Leinenruck ausgebildet wurden. Auch Hunde, die immer an lockerer Leine ausgebildet wurden und so gelernt haben, dass eine Leine nicht zum Ziehen da ist, brauchen diese Vorbereitung. Die könnte nämlich ein unbeabsichtigtes Rucken an der Leine von der Spur und damit vielleicht vom Arbeiten überhaupt abbringen. Deshalb legen wir so viel Wert darauf, dass der Umgang mit der Leine vorher geübt wird.

Vielleicht ist jemand beim Lesen dieser Übung schon auf die Idee gekommen, eine Ausziehleine zu verwenden. Da geht das Auf- und Abwickeln von alleine und man braucht nicht erst lange zu trainieren. Nehmen Sie ruhig mal mit Ihrem menschlichen Hund beide Leinen im Vergleich. Sie werden wahrscheinlich merken, dass Sie mit der Ausziehleine viel weniger Gefühl haben.

Ein weiterer Punkt, der die Ausziehleine für unsere Zwecke unbrauchbar macht, wird in der nächsten Übung deutlich.

Es könnte ja sein, dass die Spur um einige Hindernisse läuft. In der Situation kann man dann entweder dem Hund hinterherlaufen, was uns zweibeinigen Menschen aber nicht ganz so leicht fällt, oder man lässt eben die Leine kurzfristig los, um sie hinter dem Baum oder sonstigen Hindernis wieder aufzunehmen. Auch das sollten Sie zunächst mit Ihrem zweibeinigen »Hund« üben.

Das Nächste, was im Zusammenhang mit der Leine noch wichtig ist, ist das Aufwickeln. Die meisten Menschen wickeln die langen Leinen über Hand und Ellbogen auf. Das Ergebnis sind lauter nebeneinander gelegte Schlaufen, die sich nur zu gerne beim Auslegen verheddern. Achten Sie also darauf, dass die Leine schon knotenfrei ausgelegt ist, bevor der Hund mit der Suche beginnt, nicht dass Sie ihn wieder durcheinander bringen.

Eine weitere schöne Möglichkeit, die Leine aufzuwickeln ist die, wie es die Hausfrauen oft beim Stricken machen. Sie wickeln die Wolle dazu zuerst zu einem festen runden Knäuel. Da kann dann keine Wolle mehr verknoten und

Damit die Leine sich nicht verknotet, können Sie sie wie ein Wollknäuel aufwickeln

sie rollt bis zum Ende schön ab. Das kann man durchaus auch mit der langen Leine machen. Dann ist das Auslegen gar kein Problem mehr. Allerdings können Sie so keine nasse Leine aufwickeln, weil sie dann nicht trocknen kann. Versuchen Sie es einfach und entscheiden Sie, womit Sie am besten zurechtkommen.

Zur Leine selbst: Es gibt viele unterschiedlich lange Leinen, von unterschiedlichen Längen, Dicken und Materialien. Für die Länge gilt, dass Sie ruhig mit einer 5-Meter-Leine anfangen können. Dabei bleibt die Anzahl der Meter, die man im Griff haben muss, überschaubar. Später kann der Hund aber ruhig noch weiter weg arbeiten.

Die Dicke der Leine sollte zum Hund passen. Generell kann man wohl sagen, je größer der Durchmesser, desto angenehmer liegt die Leine in der Hand. Allerdings wird die Leine dadurch aber auch deutlich schwerer und für den Hund eine unnötige Belastung. So sollte der Leinendurchmesser bei mittelgroßen Hunden (Border Collie, Cocker Spaniel, etc.) 5 - 6 Millimeter nicht überschreiten. Bei großen Hunden kann die Leine auch schon mal 8 Millimeter Durchmesser haben.

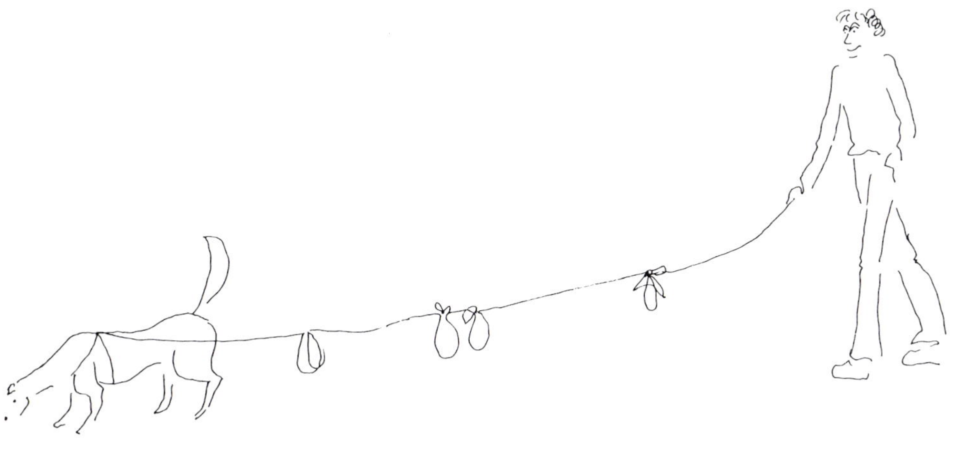

Achten Sie darauf, dass die Leine knotenfrei ausgelegt ist.

Die Dicke der Leine sollte zum Hund passen.

Diese Durchmesser-Angaben beziehen sich jetzt auf Nylon-Leinen, die ja oft rund sind. Für Leder-Leinen gilt das Entsprechende in der Breite. Damit wären wir beim Material. Es gibt zum einen die Nylon-Leinen, die sehr pflegeleicht sind. Ihr Nachteil ist, dass sie leicht in die Haut einschneiden, weshalb das Tragen von Handschuhen empfehlenswert ist.

Bei Leder-Leinen gibt es beträchtliche Qualitätsunterschiede. Richtig gutes weiches Leder liegt herrlich in der Hand, selbst bei nassem Wetter. Die Leinen haben allerdings auch ihren Preis. Für den Anfang tut es auch eine selbstgemachte Leine aus einem Seil vom Baumarkt, an dem man einen Karabiner befestigt. Wenn Sie dann richtig Spaß an dieser Arbeit mit dem Hund bekommen, lohnt sich dann eine teuere Anschaffung auch eher.

Spurensuche ohne Leine

Man kann dem Hund natürlich auch beibringen, ohne Leine einer Spur zu folgen. Dazu muss er den gewünschten Arbeitsabstand lernen. Es kann nämlich nicht sein, dass der Hund ohne seinen Menschen losläuft, weil der ihn ja dann nicht mehr lesen kann.

Wenn man die Spurensuche nicht durch die Leine von einer anderen Art der Suche unterscheiden muss, ist das – je nach Hund – eine Alternative, die besonders im Wald ihre Vorteile hat, falls der Hund nicht zum Wildern neigt.

Allerdings fehlt dann dieser »heiße Draht« zum Hund, über den schon sehr viel Information ausgetauscht wird.

Spurensuche ohne lange Leine setzt ein gutes Training des Arbeitsabstandes voraus.

Leinentraining für den Hund

Nachdem Sie gelernt haben, mit der langen Leine umzugehen, sollten Sie auch Ihren Hund allmählich daran gewöhnen. Für den Hund gehört zur langen Leine noch das Suchgeschirr. Wie oben schon beschrieben, sollte die Leine während der Suche leicht auf Spannung sein. Deswegen wird die Leine nie am Halsband befestigt. Schließlich sollte der Hund schon gelernt haben, dass die Leine am Halsband immer locker bleiben sollte. Und diese Tatsache ist viel zu wichtig, als dass wir Ausnahmen zulassen sollten.

Bei der Wahl des Brustgeschirres muss man darauf achten, dass es zum einen gut passt. Es gibt Geschirre, die sind nur am Bauchgurt zu verstellen. Wenn der Halsbereich dann auf Anhieb passt, hat man Glück. Besser sind eigentlich solche Geschirre, die im Bauch- und im Halsbereich zu verstellen sind.

Der Zug der Leine sollte bei einem gut passenden Geschirr aufs Brustbein wirken, nicht auf den Hals.

Dann sollte es an keiner Stelle scheuern. Die Gefahr besteht zum Beispiel da, wo die Schnallen direkt auf dem Fell liegen. Bei guten Geschirren sind die Schnallen unterlegt.

Das Material sollte schön weich oder gepolstert sein. Schließlich sollte es dem Hund angenehm sein, das Geschirr zu tragen, damit er Spaß an der Arbeit hat und nicht durch ein zwickendes und kneifendes Geschirr schon genervt wird.

Von der Funktion des Geschirres muss man beachten, dass es den Hund bei der Sucharbeit nicht stört. So sollte er ungehindert den Kopf herunternehmen können, ohne dass ihm dann ein Brustgurt auf den unteren Halsbereich drückt. Probieren Sie es an sich aus: Solange Sie auf Ihr Brustbein drücken, können Sie das relativ feste tun, bevor es unangenehm wird. Rutschen Sie aber nur einige Zentimeter höher, wird es direkt sehr unangenehm, wenn Sie etwas fester drücken. Den Hunden sollte also auch mit der Nase am Boden nichts in den Halsbereich drücken.

Haben Sie ein passendes Geschirr gefunden, sollte der Hund zunächst einmal die Gelegenheit bekommen, sich daran zu gewöhnen. Die meisten Hunde haben zwar keine Probleme damit, aber es fühlt sich ja schon etwas anders an, als das bisher Gewohnte. Lassen Sie den Hund das Geschirr also einige Zeit tragen, bis er es nicht mehr besonders beachtet. Von da ab sollte der Hund das Geschirr nur noch zum Suchen angezogen bekommen. Das Geschirr wird so zu einem wichtigen Zeichen für den Hund, was jetzt von ihm erwartet wird.

Bei Hunden, die sowieso schon mit Geschirr geführt werden, kann man die lange Leine dann entweder direkt daran befestigen. Dann ist eben nur noch die lange Leine das Zeichen zum Suchen und nicht mehr das Geschirr. Haben die Hunde aber auch gelernt, am Geschirr nicht zu ziehen, sollten sie für die Suche ein anderes Geschirr tragen, das sich deutlich vom Alltagsgeschirr unterscheidet. Eine andere Möglichkeit ist, dass man für die Suche ein Glöckchen am Geschirr befestigt. Wichtig ist, dass wir für den Hund einen deutlichen Unterschied schaffen.

Leichte oder schwere Spur?

Wir wollen, dass der Hund sich gut auf die Spur konzentriert und vor allem, dass er später da geht, wo auch die Person gegangen ist. Wir hatten das Beispiel der Geruchsröhre, die je nach Wind unterschiedlich verwehen kann. Lässt man den Hund suchen, wie er es will, kann er unterschiedliche Strategien entwickeln. So kann er zum Beispiel von einem Rand der Röhre zum anderen laufen, generell am Rand laufen und so weiter. Das bedeutet, dass der Hund etliche Meter von der eigentlichen Strecke, die der Mensch gegangen ist, entfernt suchen kann. Das nennen wir die leichte Spur, weil der Hund damit den leichten Duftteilchen folgt, die der Wind so verweht.

Er kann aber auch erkennen, wo der Mensch genau gegangen ist. Als wir das das erste Mal hörten, waren wir erstaunt, weil der Hund das selbst bei starkem Regen oder Wind noch erkennen kann, was wieder einmal ein Hinweis auf die enorme Riechleistung der Hunde ist.

Außerdem waren wir begeistert, denn das löste viele unserer Probleme, die sich dadurch entwickelten, dass der Hund zu weit vom eigentlichen Weg der Person abkam.

Wie weit lässt man zum Beispiel auf Kreuzungen den Hund in die falsche Richtung laufen, wenn der Wind den Duft der Person dort hinein geweht hat? Wie könnte ich vermeiden, dass der Hund beim Stadttraining in alle Vorgärten läuft? Für all das war die Arbeit auf der schweren Spur die Lösung. »Schwer« deswegen, weil angenommen wird, dass es manche Hautzellen gibt, die in Klumpen zu Boden gehen, dadurch eben schwerer sind und genau die Laufstrecke markieren, die der Hund dann finden kann.

Von Behisha Christ aus den USA lernten wir das vor einigen Jahren. Das schwierige an dieser Vorgehensweise ist jedoch das Training. Man muss den Hund nämlich auf der Spur halten, ohne ihn da zu halten.

Dank Steve White, ebenfalls aus den USA, erfuhren wir einen sehr viel einfacheren Trainingsaufbau, den wir hier im Folgenden vorstellen möchten. Was uns daran noch so sehr gefällt, ist der schön schrittweise Aufbau.

Schritt 1

Nase auf den Boden

Wir beginnen am besten auf einem asphaltierten Parkplatz oder Ähnlichem, auf alle Fälle auf festem Untergrund. Zunächst wird eine etwa vier Meter lange Spur gelegt, die dabei mit einer Sprühflasche mit Wasser markiert wird. Das hat den Sinn, dass die Spur schön sichtbar ist und dass die Zellklumpen bzw. die Bakterien darauf eine optimale Stoffwechselsituation haben.

In einem großen Bogen geht es dann wieder an den Anfang der Spur. Jetzt wird sie noch einmal abgegangen und dabei alle zehn Zentimeter ein Leckerchen deponiert. Am Ende liegt dann eine kleine Hand voll an Leckerchen zum Abschluss. Bei vier Metern sind das also mehr als vierzig Leckerchen. Die sollten also schön klein sein!

Lisa sprüht zunächst die Wasserspur und geht sie dann noch einmal ab, um die Leckerchen zu deponieren.

Ein ruhiger Hund kann dabei gut zusehen. Sollte er sich aber zu schnell aufregen oder auch durch den Anblick der Leckerchen in eine zu hohe Erregungslage kommen, nimmt man ihn erst dazu, wenn alles vorbereitet ist. Der Hund braucht für diese erste Übung noch kein Suchgeschirr zu tragen. Er wird auch nicht extra auf die Spur geschickt. Stattdessen geht man mit dem Hund Richtung Spuranfang und lässt vor ihn ein bis zwei Leckerchen fallen, die ihn dann in Richtung Spur führen. Dann geht er einfach weiter Leckerchen aufsammeln.

Je nach Hundetyp werden die Hunde die Aufgabe unterschiedlich angehen. Entweder gehen sie von Anfang an ruhig und besonnen vor oder stürmen die Leckerchen entlang. Egal, wie der Hund es macht, ist es richtig. Lassen Sie ihn eine solche Spur anfangs so oft gehen, bis er acht von zehn Leckerchen aufnimmt und dabei mit den beiden linken Pfoten links und den beiden rechten Pfoten rechts der Spur läuft.

Lamo läuft hier schön ruhig und gerade über die Spur und ist so konzentriert, dass er alle Leckerchen findet.

Überläuft der Hund zunächst einige Leckerchen und dreht anschließend wieder um, ist das auch nicht tragisch. Er wird merken, dass es sich am meisten lohnt vorwärts zu gehen, weil da die Leckerchendichte am höchsten ist. Wichtig sind also die Wiederholungen. Beeinflussen Sie den Hund nicht, beobachten Sie ihn lieber. Ist die Nase schön durchgehend tief? Wie ist die Körperhaltung? Wie ist die Schwanzhaltung? Und so weiter!

Schritt 2

Schlangenlinien

Läuft der Hund die Spur schön gleichmäßig mit je einem Vorder- und einem Hinterfuß auf jeder Seite der Spur und nimmt er dabei acht von zehn Leckerchen mit, dann ist es Zeit für den nächsten Schritt. Hierbei wird die Spur in Form einer Schlangenlinie, oder vielleicht besser S-förmig gelegt. Sie soll also einen Bogen nach rechts und einen nach links haben oder auch zwei davon. Wieder werden die Leckerchen alle zehn Zentimeter ausgelegt. Und wieder sind die Kriterien, dass der Hund mit schön gleichmäßig tiefer Nase von sich aus so viele Leckerchen wie möglich aufnimmt – ohne irgendeine Hilfe von Ihnen. Das ist wichtig! Sie dürfen wirklich nur beobachten und lernen, wie Ihr Hund beim Suchen aussieht.

Schritt 3

Leckerchen ausdünnen

Jetzt werden die Leckerchen stückweise ausgedünnt. Seien Sie dabei völlig variabel. Würden Sie zum Beispiel später alle fünfzig Zentimeter ein Leckerchen legen, könnte passieren, dass die Hundenase dazwischen immer wieder hoch geht, was wir nicht haben wollen. Also legen Sie zwischendurch auch immer mal wieder alle zehn Zentimeter ein Leckerchen für ein kurzes Stück. Seien Sie dabei auch variabel mit der Gestaltung der Spur. Sie sollte immer noch auf dem Asphalt und in irgendeiner Art gebogen verlaufen. Die Länge sollte fünf Meter nicht überschreiten. Es kommt gar nicht so sehr auf die Länge an, sondern eher auf die Wiederholungen. Dabei können Sie eine Spur ruhig mehrmals verwenden, solange die Sprühspur noch sichtbar ist.

Bis jetzt hat der Hund also nur Leckerchen gesucht. Diese lagen aber auf einer

Geruchsspur, die durch das Anfeuchten noch besonders intensiv war. Das nimmt der Hund im Unterbewusstsein mit wahr, während er seine Leckerchen aufsammelt, auch wenn er sich nicht extra darauf konzentriert, was er bis jetzt noch nicht sollte. Bis jetzt brauchte er die Spur noch gar nicht zu riechen, sie lief sozusagen nur im Hintergrund mit.

Schritt 4

Leckerchen ganz abbauen

Haben Sie die Leckerchen schön allmählich ausgedünnt, kommt dann irgendwann der Zeitpunkt, wo gar keine Leckerchen mehr auf der Sprühspur liegen, außer der Belohnung am Ende. Der Hund hat immer noch die Sprühspur als deutliche Hilfe. Dieser Schritt sollte also relativ leicht möglich sein. Sie können anfangs noch mal zurück zu einer geraden Spur gehen und dann auch wieder Schlangenlinien einführen. In einem Extraschritt könnten Sie den Hund jetzt auch an Geschirr und lange Leine gewöhnen, die ab jetzt dann immer zum Ritual des Suchens dazu gehören.

Hier sucht Lamo mit schön tiefer Nase die Sprühspur. Leckerchen gibt es erst am Ende.

Schritt 5

Sprühspur abbauen

Es gibt verschiedene Möglichkeiten, die Sprühspur abzubauen. Entweder warten Sie bis ein Teil verdunstet ist, oder Sie stellen den Sprühnebel breiter, dass die Wasserspur nicht mehr so konzentriert ist. Machen Sie auch das erst auf einer geraden, später auch auf der gebogenen Spur. Arbeiten Sie in dieser Art so lange, bis die Sprühspur völlig verdunstet ist, der Hund also keine Sichthilfe mehr hat. Jetzt muss er sich auf seine Nase verlassen. Es kann sein, dass sich die Art, wie er sucht, etwas von den vorherigen Übungen unterscheidet, weil er zum Beispiel mehr im Zickzack läuft. Aber das ist in Ordnung. Lassen Sie ihn arbeiten.

Schritt 6

Übergänge einbauen mit Sprühhilfe

Jetzt kann der Hund schon kurze Spuren auf Asphalt verfolgen. Als Nächstes werden Übergänge eingebaut, zum Beispiel von Asphalt auf Erde oder auch einen Bürgersteig hoch. Machen Sie dafür die Spur zunächst wieder einfacher,

Um dem Hund die ersten Übergänge zu erleichtern, wird hier noch mal gesprüht, also auf schon Bekanntes zurückgegriffen.

das heißt gerade. Einen halben bis ein Meter vor bis nach dem Übergang wird die Spur wieder gesprüht. Mit dieser Hilfe sollen Fehler vermieden werden. Üben Sie alle möglichen Arten von Übergängen, aber immer auf schön kurzen Spuren. Verlängern Sie sie vielleicht auf fünfzehn bis zwanzig Meter. Denken Sie aber daran, dass Sie immer nur ein Kriterium zur Zeit schwieriger machen und vom Hund immer nur das verlangen, was er auch leisten kann.

Schritt 7

Sprühhilfen bei den Übergängen abbauen

Haben Sie eine bestimmte Art Übergang schon einige Male mit Sprühhilfe gearbeitet und der Hund meistert diesen Übergang sicher und ohne seine Suche zu unterbrechen, dann bauen Sie auch hier die Sprühspur wieder ab, so dass der Hund ohne Sichthilfe arbeiten muss. Zögern Sie nicht, sofort wieder entsprechende Schritte zurückzugehen, wenn der Hund Schwierigkeiten haben sollte.

Schritt 8

Übergänge generalisieren

Seien Sie jetzt kreativ im Finden von Übergängen: vom Asphalt auf einen Feldweg, vom Asphalt auf eine Wiese, auf einen Acker und so weiter. Trainieren Sie jeden einzelnen Übergang wie in den Schritten 6 und 7 beschrieben, bis Sie dem Hund sozusagen nichts Neues mehr bieten können. Sollte er dennoch bei irgendeinem Übergang wieder Schwierigkeiten haben, gehen Sie immer wieder zurück zur Sprühhilfe. Wir wollen dem Hund Misserfolge ersparen.

Schritt 9

Strecke auf Asphalt verlängern

Machen Sie es dem Hund jetzt zunächst wieder einfacher, indem Sie nur auf Asphalt bleiben, aber verlängern Sie die Spur stückweise. Dabei kann man gut so vorgehen, dass die Länge, die der Hund schon gut arbeiten kann, ungesprüht ist bzw. besser der Sprühnebel schon verdunstet ist. Alles, was dann an Strecke auf einer Spur dazu kommt, wird wieder gesprüht. So hilft man dem Hund bei dieser Ausdauerübung durchzuhalten, weil es gegen Ende wieder leichter wird.

Schritt 10

Strecke nach dem Übergang verlängern

Bisher war nach dem Übergang immer relativ schnell die Spur beendet und die Belohnung erreichbar. Jetzt soll nach dem Übergang die Spur verlängert werden. Lassen Sie die Asphaltspur dafür zunächst relativ kurz und wählen Sie einen leichten Übergang. Jetzt üben Sie das Verfolgen der Spur auf Sand oder auch in der Wiese. Gehen Sie wieder schön systematisch vor und erschweren Sie immer nur ein einziges Kriterium. Führen Sie Trainingstagebuch, um immer zu wissen, was Sie schon geübt haben.

Schritt 11

Ein Helfer legt die Spur

Lassen Sie nun einen Helfer die Spur legen. Eventuell müssen Sie dann noch mal einige Schritte vorher ansetzen. Der Helfer kann also zunächst ruhig mal eine Spur mit Sprühen und Leckerchen legen. Dann gehen Sie die Schritte entsprechend wie oben beschrieben weiter.

Laios läuft genau da, wo der Helfer auch gegangen ist und verfolgt dessen Spur.

Die Sache mit der Tüte

Eine Möglichkeit, wie wir dem Hund den Duft präsentieren wollen, den er suchen soll, ist, dass wir einen Geruchspartikel in eine Plastiktüte (am besten mit Zipp-Verschluss) deponieren. Der Hund soll später seine Nase da hineinstecken, den Geruch aufnehmen und die Spur, die dazu gehört, suchen.

Das Verwenden einer Tüte hat den Vorteil, dass der Geruch darin sagen wir mal konserviert wird. Die Tüte selber kann auch von unterschiedlichen Leuten angefasst werden, der Geruch in der Tüte bleibt derselbe. Damit kann ich einen Geruchsgegenstand auch transportieren. Das ist für das Arbeiten an der eigenen Spur noch nicht so wichtig. Da kann ich den Gegenstand auch einfach in die Tasche stecken. Spätestens aber wenn die Arbeit an einer fremden Spur beginnt, ist es wichtig, dem Hund einen möglichst unverfälschten Anfangsduft zu geben. Außerdem kann man in der Tüte auch sehr geringe Duftmengen aufbewahren, wie sie zum Beispiel an einem Ring vorhanden sind. Aber dazu kommen wir später.

Zunächst muss der Hund erst einmal lernen, seine Nase in die Tüte zu stecken. Das sollten Sie auch vorher schon trainiert haben, bevor Sie dem Hund bei der ersten Suche die Tüte über die Nase stülpen und er denkt, sie wollten ihm was Böses tun. Das ist kein sehr guter Start für eine Suche.

Nehmen Sie sich also eine Tüte, legen Sie zwei bis drei Leckerchen hinein und lassen Sie den Hund sich die Leckerchen herausnehmen. Jetzt sehen Sie schnell das Naturell Ihres Hundes. Es gibt nämlich welche, die sofort und ohne Probleme in die Tüte eintauchen. Für die hätte man diese Übung auch gar nicht machen müssen. Es gibt aber auch viele Hunde, die extrem zurückhaltend sind in diesem Augenblick. Und für die ist es wichtig, dass sie die Tüte zunächst mal mit etwas Angenehmen wie Leckerchen oder Spielzeug verknüpfen. Üben Sie das an mehreren Tagen so lange, bis der Hund seine Nase ohne Probleme in die Tüte steckt.

Tüte – jetzt sehen Sie schnell das Naturell Ihres Hundes.

Für ihn hätte man diese Übung gar nicht machen müssen.

Es wird dem Hund auf keinen Fall die Plastiktüte mit Gewalt übergestülpt.

Arbeiten mit der Spur und Helfer am Ende

So, die Vorübungen wurden alle gemacht. Nun geht es also los. Gewöhnen Sie sich vielleicht an, einen Rucksack zu packen mit all den Dingen, die Sie für die Spurensuche benötigen. Damit wird der Hund schon zu Hause auf die bevorstehende Aufgabe vorbereitet. Sie werden bald merken, wie sehr er sich schon freut, wenn Sie den Rucksack packen. Hier noch mal eine Auflistung, an was Sie alles denken sollten:

- Suchgeschirr
- Lange Leine
- Wasser, das Sie dem Hund vor jeder Suche anbieten sollten, bei langen Spuren eventuell auch zwischendurch
- Schreibzeug mit Schreibunterlage
- Stift – Bleistifte schreiben bei jedem Wetter, Kugelschreiber versagen bei nassem Wetter ihre Dienste
- Unterschiedliche Geruchsgegenstände zum Anzeigen, wie z. B. Handschuh, Socke, Stofftuch, Lederstück, Kappe usw. alle mit Ihrem Geruch
- Eventuell Plastiktüten mit Zipp-Verschluss
- Markierungsgegenstände wie Wäscheklammern oder Heringe
- Belohnung für den Hund (Spielzeug oder Leckerchen)

Mit den Dingen, die für das Spurenlegen so wichtig sind, haben wir uns zum großen Teil schon weiter oben beschäftigt. Wir setzen hier jetzt auch voraus, dass Sie das schon geübt haben, dass also das Legen einer Spur und das eindeutige Wiederfinden für Sie kein Problem mehr ist. Jetzt brauchen Sie auch einen Helfer, der dieses System des Spurenlegens umsetzen kann. Wir fangen jetzt auch mit ganz einfachen Spuren an und Sie werden merken, dass Sie immer geübter darin werden.

Jetzt wird nicht mehr gesprüht (außer wenn es angebracht ist, dem Hund an einer schwierigen Stelle zu helfen). Sie müssen sich also jetzt gut merken, wo die Spur verläuft. Und den Startpunkt sollten Sie kennen.

So könnte ein Spurenlegen aussehen: Der Helfer markiert den Startpunkt. Dann geht er zwanzig bis dreißig Schritte auf einen bestimmten Punkt in der

Ferne zu. Ab etwa fünfzehn Schritten fängt er an, nach einer geeigneten Markierung für den Winkel zu sehen. Dort wo sich zwei unterschiedlich entfernte Gegenstände überlappen, geht er einen in etwa rechten Winkel nach rechts. Das »in etwa« richtet sich nach Ihrem neuen Zielpunkt. Wenn eben genau im rechten Winkel kein geeignetes Ziel ist, kann der Winkel ruhig etwas stumpfer oder spitzer sein.

Machen Sie diese erste Spur mit Tüte ruhig ziemlich einfach. Wenn hier also diese Anzahl an Schritten stehen, dann sollten Sie in den Trainingsschritten zuvor mit der Sprühspur schon mindestens das Dreifache trainiert haben.

Am besten machen Sie die ersten zwei bis drei Spuren mit Tüte wieder wie ganz am Anfang. Der Helfer kann ruhig auch noch mal Leckerchen auf die Spur legen.

Durch dieses Vorgehen weiß der Hund jetzt schon, dass er suchen soll. Denn so ähnlich kennt er diese Übung ja schon. Führen Sie nun den Hund bis etwa einen Meter vor den Start der Spur. An dieser Stelle ziehen Sie ihm das Suchgeschirr und die lange Leine an.

Die lange Leine wird möglichst knotenfrei ausgelegt. Achten Sie bitte auch darauf, dass sich keiner daraufstellt, weder Sie noch der Hund, noch irgendwelche Zuschauer.

Lisa bereitet Darja für die Suche vor.

Jetzt nehmen Sie die Tüte, öffnen sie und lassen den Hund an dem Gegenstand im Inneren riechen. Das braucht im Prinzip nur einen Atemzug lang zu sein. Das Einatmen ist dabei wichtig, denn dabei wird gerochen.

In der Tüte ist natürlich der Geruchsstoff des Menschen, der die Spur gelegt hat, an deren Ende die Belohnung auf den Hund wartet. Dann lassen Sie den Hund die kurze Spur arbeiten und an deren Ende den Mensch finden.

Jetzt sind nahezu alle Bestandteile, die wir für die Suche brauchen, Stück für Stück erarbeitet worden. Wenn sich jetzt beim Legen der Spuren neue Schwierigkeiten ergeben, zögern Sie nicht, wieder einige Trainingsschritte zurückzugehen und es dem Hund wieder leichter zu machen. Wir wollen, dass sich der Hund zu einem selbstbewussten Sucher entwickelt, der ohne jede Hilfe in jedem Moment sicher zeigt, wo die Spur ist.

Ole nimmt den Geruch der Spur auf, die er gleich suchen soll.

Laios verfolgt zielstrebig die gelegte Spur und findet am Ende den Helfer.

Alternative: Eigenspur

Es ist nicht immer leicht, Helfer für die Spurensuche zu finden. Dann kann man den Hund aber auch die eigene Spur arbeiten lassen. Am Ende der Spur findet der Hund dann genauso Futter oder ein Lieblingsspielzeug.

Sie legen die Spur genau wie oben beschrieben. Am Ende der Spur machen Sie einige extra große Schritte und gehen im großen Bogen zurück. Gehen Sie auf keinen Fall dieselbe Spur zurück.

Sie können hier auch eine Tüte mit Geruchsbeispiel (diesmal von sich selber) verwenden. Eine andere Möglichkeit ist die, dass Sie den ersten Geruchsgegenstand an den Anfang der Spur legen und der Hund daran den Geruch aufnimmt. Auch das sollte der Hund lernen. Wir werden das später in der Ausbildung auch einbauen. Denn durch dieses Variieren können wir dem Hund die Übung wieder spannender machen und Sie sind später flexibler in den möglichen Einsatzbereichen.

Teilweise lassen Sie den Hund also am ersten Geruchsgegenstand die Spur aufnehmen, teilweise reichen Sie ihm den Geruchsgegenstand in der Plastiktüte. Es sollte nur immer eindeutig sein. Beginnen Sie am besten mit einer Möglichkeit, bis Sie selber vertraut mit dem Übungsablauf sind und denken Sie dann daran, zu variieren.

Wir beschreiben hier das Vorgehen mit der Plastiktüte. Auf diese Art und Weise kann man auch dem Hund besser helfen für den Fall, dass er kein Interesse an dem Geruchsgegenstand zeigt. Mit der Plastiktüte kann man ihn nämlich sozusagen »zwingen«, sich den Duft zu holen, indem man sie ihm für einen Atemzug überstülpt. Bitte verstehen Sie das jetzt nicht falsch! Es wird dem Hund auf keinen Fall mit Gewalt die Plastiktüte übergestülpt! Durch die Vorübungen hat der Hund gelernt, dass die Plastiktüte toll ist und er steckt seine Nase freiwillig hinein. Automatisch bekommt er dann bei einem Atemzug den darin befindlichen Geruch mit.

Wenn der Hund den Geruch an einem am Boden liegenden Geruchsgegenstand aufnehmen soll, kann es sein, dass zufällig genau an der Stelle ein interessanter Geruch eines Hasen oder einer läufigen Hündin oder was auch immer ist. Man kann dann nicht so mit Sicherheit sagen, was der Hund nun gerochen hat, besonders, wenn er – was anfangs oft der Fall ist – noch kein

Interesse an dem Geruchsgegenstand zeigt. In dem Moment, wenn der Hund die Nase noch in der Tüte hat, geben Sie das Such-Kommando.

Und nur in diesem Moment sollten Sie es geben. Später nicht mehr. Dieses Kommando soll dem Hund nämlich sagen, dass er genau das suchen soll, was er in dem Moment in der Nase hat. Wenn Sie das Kommando später noch einige Male wiederholen, wissen Sie nicht mehr, was der Hund dann in dem Moment in der Nase hat. Vielleicht schnüffelt er gerade an der Spur eines anderen Hundes, der einige Zeit vorher durch die Gegend kam oder was auch immer. Wenn er in dem Moment Ihr Such-Kommando bekommt, bringen Sie ihn von der ursprünglichen Suche ab. Sie setzen den Hund dann unbewusst auf eine neue Spur an und sind dann später überrascht oder enttäuscht, wenn er der anfangs vorgegebenen Spur nicht folgt. Dabei haben Sie es ihm genauso gesagt! Das ist das Schwierige an der Arbeit mit dem Geruch. Wir riechen nicht, was der Hund riecht. Daher müssen wir sehr Acht geben, keine Fehler zu machen.

Der Hund sollte durch die Vorübung auf dem Asphalt schon wissen, was jetzt von ihm erwartet wird, auch ohne die Tüte. Dennoch werden wir ab jetzt vorläufig immer die Tüte mit dem Geruchsgegenstand der Suche voranstellen, damit sich der Hund an den Ablauf gewöhnt. Wenn der Hund schön auf der Spur losläuft, geben Sie ihm Leine und folgen Sie ihm. Beobachten Sie den Hund gut, aber versuchen Sie in keinem Fall, auf ihn einzuwirken. Es gibt eine Ausnahme: Wird er zu schnell, halten Sie ihn einfach zurück. Das ist für den Anfang wichtig, Sie sollten für sich und den Hund ein Arbeitstempo wählen, mit dem Sie gut zurechtkommen. Denken Sie daran, Handschuhe zu tragen. Lassen Sie den Hund seine Arbeit machen, ohne sich einzumischen. Versuchen Sie ihm möglichst nicht zu helfen, auch nicht unbewusst über Ihre Körperhaltung. Sonst könnte der Hund denken, Sie hätten die bessere Nase, und er wird sich im Zweifelsfalle auf Sie verlassen. Das soll aber nicht sein.

Mit »Wo ist es?« können Sie ihn weiter zur Suche aufmuntern. Denn ein erneutes »Such« sollten Sie ja möglichst vermeiden. Seien Sie jedoch in allem, was Sie sagen, sehr sparsam. Die Erfahrung zeigt, dass unser Gerede die Hunde eher von der Arbeit ablenkt, als dass es ihnen hilft. Ein »Such« am Anfang, eventuell ein oder zwei »Wo ist es?« zwischendurch, das sollte alles sein, was bei der Suche über Ihre Lippen kommt. Sie können anschließend reden!

Die meisten Hunde fangen an zu kreisen, wenn sie die Spur verloren haben. Das ist in Ordnung so. Denn auf diese Weise finden sie am schnellsten wieder zurück und können dann dem Geruch weiter folgen. Dafür sollte die Leine lang genug sein. Und dabei kommt Ihnen die Vorübung mit dem zweibeinigen Hund an der langen Leine zu Hilfe. Sie sollten nämlich darauf achten, dass die Leine möglichst immer die gleiche Spannung hat, auch, wenn der Hund plötzlich stehen bleibt oder die Richtung ändert.

Hat der Hund den Gegenstand am Ende gefunden, loben Sie ihn überschwänglich! Entweder bekommt er jetzt seine Leckerchen oder aber ein schönes Spiel. Wichtiger ist aber noch, dass Sie ihm zeigen können, wie toll Sie ihn finden. Ein stolzer Blick reicht da nicht aus. Sie sollten schon aus sich herausgehen und Ihre Freude wirklich zum Ausdruck bringen! Das fällt den meisten Menschen oft schwer. Es lohnt sich aber zu üben. Lassen Sie sich beim Loben einfach mal filmen und beobachten Sie anschließend aus Sicht des Hundes, ob Sie das was Sie da auf dem Video sehen, beeindrucken würde. Oft sieht es sehr langweilig aus! Wenn der Hund von Ihnen so ausgiebig gelobt wird, dass er vor Stolz einen Zentimeter wächst (siehe S. 18), dann haben Sie richtig belohnt. Dabei spielt auch weniger das Leckerchen oder das Spielzeug eine Rolle, als das, was Sie dem Hund von Ihrer Einstellung ihm gegenüber vermitteln können.

Was tun Sie, wenn der Hund nicht sucht? Hat er gar kein Interesse oder ist er zu sehr abgelenkt? Wenn er satt ist, hat er vielleicht nicht viel Interesse, die Leckerchendose zu finden. Lassen Sie ihn vor dem Füttern suchen. Sie können ihn sogar sein Futter suchen lassen und wenn er es nicht findet, geht er eben leer aus, und Sie versuchen es einige Zeit später noch einmal.

Hat er die Aufgabe überhaupt verstanden? Weiß er überhaupt, dass er suchen soll? Zögern Sie bitte in keinem Fall, wieder Trainingsschritte zurückzugehen und dem Hund vielleicht sogar mit Sprühspur oder auch zusätzlich mit Leckerchen zu helfen. Wir erleben immer, dass die meisten Hundeführer eher denken, »Das müsste der doch jetzt können«, und damit den Hund sozusagen auflaufen lassen. Das kann aber nie Sinn der Sache sein. Sie können davon ausgehen, dass, wenn der Hund die Übung versteht und die Motivation stimmt (was auch immer kritisch zu hinterfragen ist), er sie auch ausführen wird. Wenn er das nicht tut, hat er wohl was nicht verstanden. Dann bricht

niemandem eine Zacke aus der Krone, wenn es noch einmal erklärt wird. Überlegen Sie mal, wie froh Sie sind, wenn Ihnen etwas erklärt wird, was Sie nicht verstanden haben? Ich bin überzeugt, dass das Erschnüffeln der Spur selbstbelohnend ist. Hat der Hund einmal verstanden, worum es geht, wird er aus eigenem Interesse der Spur folgen.

Nach dieser ersten erfolgreich verfolgten Spur kommt die nächste, die im Prinzip ähnlich sein soll, außer dass der Winkel diesmal in die andere Richtung geht. Jetzt können wir dem Hund immer neue Herausforderungen stellen und damit das Suchen immer spannender machen. Drei Dinge sollten Sie nun im Laufe der Zeit variieren. Das sind die Länge der Strecke, die Anzahl der Winkel und die Untergründe.

Üben Sie – zumindest am Anfang – zwei- bis dreimal pro Woche und dann jeweils zwei bis drei Spuren. Die Anzahl der Spuren, die Sie in einer Übungseinheit legen sollten, richtet sich natürlich nach den Sucheigenschaften Ihres Hundes. Anfangs hat es sich jedoch bewährt, lieber häufiger etwas kürzere Strecken suchen zu lassen, damit der Hund das Prinzip versteht. Dann hat er auch häufiger die Belohnung am Ende und wir können seine Motivation besser steigern. Später braucht man dann nicht mehr so oft in der Woche zu üben. Dann weiß der Hund auch nach drei Wochen zum Beispiel noch, was er machen soll. Aber am Trainingsanfang würde man nach einer so langen Pause immer wieder von vorne anfangen, was letztendlich für Mensch und Hund nur Frust bedeuten würde.

Wenn wir hier von kürzeren Strecken am Anfang sprechen, können Sie diese aber durchaus sehr zügig von 40 auf 60 und bei jeder neuen Suche um weitere 20 Schritte verlängern. Notieren Sie sich die Länge der jeweiligen Strecke in Ihrem Trainingsbuch, damit Sie immer wissen, wo Sie dran waren.

Bei den Winkeln sollten Sie darauf achten, dass Sie die Reihenfolge der Richtungen ständig ändern. Wenn also erst ein Winkel nach rechts von einem linken Winkel gefolgt wird, dann beim nächsten Mal anders herum. Oder gehen Sie auch mal zwei Winkel hintereinander nach rechts oder nach links. Seien Sie variabel. Das fällt uns Menschen naturgemäß gar nicht so leicht. Umso leichter fällt es den Hunden, unsere ständig wiederholenden Schemata zu durchschauen. Es bietet sich an, die Winkel anfangs so zu legen, dass eine natürliche Begrenzung den Hund am Weitergehen hindert und er sich nur für die richtige Richtung entscheiden muss. Nehmen Sie sich also Hauswände, Hecken und Zäune zur Hilfe. Wir wollen den Hund nicht in den Misserfolg rennen lassen. Erst im Laufe der Zeit bieten sich dann frei liegende Winkel an.

Unterschiedliche Untergründe sollten Sie immer wieder mit in die Spur einbauen, damit sich der Hund gar nicht so sehr an ein bestimmtes Geruchsbild gewöhnt. Denn auch die Untergründe riechen für den Hund natürlich unterschiedlich. Das ist sogar etwas, was wir mit unserer Nase nachvollziehen können. Versuchen Sie es mal! Riechen Sie am Grasboden, an frisch gepflügtem Acker oder am Asphalt! Diesen starken Eigengeruch der Untergründe muss der Hund sozusagen aus seinem Geruchsbild ausblenden und sich nur auf den Geruch der menschlichen Spur konzentrieren. Dazu ist es eben wichtig, dass die Untergründe im Training auch häufig wechseln.

Fangen Sie zum Beispiel damit an, dass Sie eine Teerstraße überqueren. In der nächsten Spur folgen Sie der Teerstraße ein Stückchen. Ist es nicht faszinierend, was die Hunde alles können? Und das auch ohne irgendwelche deutlichen Bodenverletzungen! Schreiben Sie genau den Verlauf der Spur, die unterschiedlichen Bodenbeläge, das Wetter, die Windrichtung und sonstige Besonderheiten auf. Sollte der Hund je in einer Situation Schwierigkeiten haben, können Sie dann am ehesten herausfinden, woran es liegt.

Es fällt dem Hund sehr leicht, unsere Schemata zu durchschauen.

Weitere Herausforderungen in der Spurensuche

Gegenstände anzeigen

Sich auf einer Spur Gegenstände anzeigen zu lassen, bringt eine schöne Abwechslung. Beginnen Sie das mit einer deutlich kürzeren Spur, als der Hund es eigentlich schon kann. Die Gegenstände müssen den gleichen Geruch tragen wie der Geruchsstoff, den der Hund zu Anfang der Spurensuche zu schnüffeln bekommt.

Es gibt verschiedene Möglichkeiten, dem Hund zu erklären, was wir von ihm wollen. Diese unterschiedlichen Möglichkeiten sind weiter oben unter dem Kapitel »Anzeige« schon erklärt. Üben Sie also zunächst die Anzeige sehr gut unabhängig. Wenn es jetzt zur Anzeige des Gegenstandes auf der Spur kommt, legen Sie die Spur so, dass sie sozusagen an einer Stelle nicht mehr weiter geht. Das können Sie zum Beispiel machen, indem Sie die Spur durch ein Gartentörchen legen, das dann bei der Suche des Hundes geschlossen ist. An dieser Stelle, wo der Hund also sowieso nicht weiter kann, liegt der erste Gegenstand. Zusätzlich können Sie ihm noch mit dem Signal für die Anzeige helfen. Wir wollen wieder verhindern, dass ein Fehler überhaupt möglich ist. Erst, wenn wir das Gefühl haben, dass der Hund die Aufgabe sicher verstanden hat, liegen die Gegenstände auf freier Strecke. Sollte der Hund an einem Gegenstand vorbeilaufen, schimpfen Sie nicht, zerren Sie ihn auch nicht hin, sondern gehen Sie einfach zu dem Gegenstand und sagen in etwa: »Guck mal, was ich hier gefunden habe! Hast du das übersehen?« Der Hund versteht zwar die Worte nicht, aber er sollte in Ihrem Tonfall verstehen, dass Sie ihn etwas bedauern, dass er diese Chance verpasst hat. Ein auch nur etwas ehrgeiziger Hund wird sich das nicht oft sagen lassen und sich das nächste Mal viel mehr Mühe geben. Sollte das mehr als einmal passieren, war der Schritt zu schwer.

Hier gilt wie bei jedem Training: Legen Sie Wert auf die Grundübungen. Die bilden das Fundament. Ist das Fundament fest, kann man hoch drauf aufbauen. Ist es wackelig, wird irgendwann alles zusammenbrechen.

Arbeiten mit einer fremden Spur

Alles das, was bisher zur Spurensuche beschrieben ist, können Sie mit Ihrem Hund auch mit einer fremden Spur trainieren. Sie müssen sich dazu eben eine

Hilfsperson organisieren. Optimal ist es natürlich, wenn das jemand ist, der auch mit seinem Hund die Spurensuche trainiert und von daher weiß, worauf es dabei ankommt. Dann können Sie sich sehr gut gegenseitig Spuren legen. Aber auch jede andere Hilfsperson können Sie anleiten. Anfangs können Sie dabei sein, wenn die fremde Spur gelegt wird, allerdings ohne mitzulaufen. Dann können Sie jedoch ein geeignetes System besprechen, wie Sie sich über die gewählte Richtung verständigen wollen. Es empfiehlt sich, dass Sie Ihre Hilfsperson anlernen, nach Ihrem System die Spur zu beschreiben (siehe S. 165).

Dann brauchen Sie Geruchsgegenstände dieser Hilfsperson. Das sollten der Einfachheit halber wirklich Gegenstände dieser Person sein und nicht etwas, was er erst kurz in der Hand hatte. Fangen Sie die Spuren zunächst wieder einfach an und steigern Sie so nach und nach die Schwierigkeit. Was macht der Hund auf der fremden Spur? Ist er genauso motiviert, wie bei einer von Ihnen gelegten Spur? Unter Umständen ist es anfangs günstig, eine dem Hund gut bekannte Person als Hilfsperson zu bitten. Die Personen sollten Sie dann aber auch sehr schnell abwechseln.

Inzwischen sollten Sie Ihren Hund auch so gut lesen können, dass Sie sich immer mehr darauf verlassen, wo er Sie bei der Suche hinführt. So sollten Sie dann bald dazu übergehen, völlig unbekannte Spuren zu suchen. Nur dann können Sie wirklich überprüfen, ob Sie dem Hund nicht unbeabsichtigt steuern. Eventuell könnten Sie mit der Hilfsperson absprechen, dass diese kurz nach jedem Winkel einen Gegenstand deponiert. Dann ist das immer für Sie ein Zeichen, dass Sie noch auf dem richtigen Weg sind. So sollten Sie jedoch nur dann arbeiten, wenn Ihr Hund schon sehr sicher in der Suche ist und neun von zehn Malen auch das Ziel findet. Wenn das noch nicht der Fall ist, sollten Sie unbedingt den Spurverlauf kennen und schwierige Teile vielleicht noch mal sprühen lassen. Es ist immer wichtig, dass der Hund und damit auch Sie die Arbeit mit einem Erfolgserlebnis beenden.

Experimentieren Sie wieder mit der Länge der Spur und den verschiedenen Untergründen. Unter Umständen können Sie später als Fortgeschrittener einen Jogger bitten, Ihnen einen Gegenstand von ihm zu geben. Das kann zum Beispiel ein Papiertaschentuch sein, das Sie ihm aus der Packung gegeben haben. Damit soll er sich über den Hals wischen und es dann in Ihren Beutel mit Zippverschluss stecken. Mit einem zweiten Taschentuch soll er ebenso verfahren, es dann auf seiner Tour mitnehmen und nach zwei bis drei Kilometern fallen lassen. Das ist dann eine Möglichkeit, wie Sie sich relativ einfach fremde Spurenleger besorgen können. Allerdings geht das wirklich nur, wenn Sie und Ihr Hund in der Spurensuche schon ziemlich sicher sind.

Verleitungen

Unter Verleitungen versteht man Spuren, die die zu suchende Spur kreuzen. Der Hund sollte sich dadurch nicht von seiner Spur abbringen lassen. Wenn Sie bisher schon Wege in Ihre Spuren mit eingebaut haben, haben Sie wahrscheinlich schon – ohne es zu wissen – Verleitungen mittrainiert. Denn Sie wissen ja nicht, welche Spuren sich noch alle auf dem Weg befinden. Wenn man die Spurensuche schön schrittweise aufbaut, stellen solche Verleitungen auch kein großes Problem dar.

Um Ihr Vertrauen in den Hund immer mehr zu stärken und sich seiner

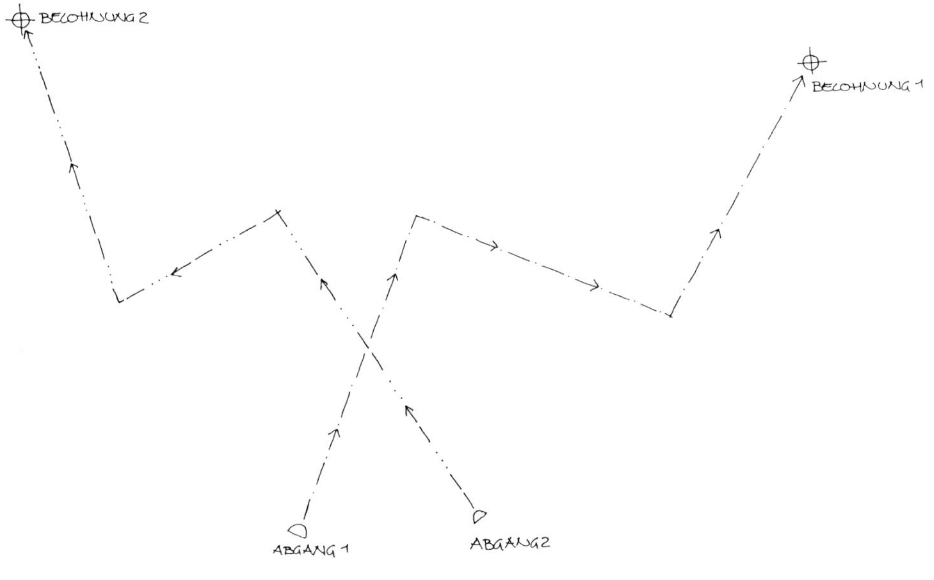

Fähigkeiten mehr und mehr bewusst zu werden, bauen Sie gezielt Verleitungen in die Spur ein. Hier ist es wieder von Vorteil, wenn Sie jemanden haben, der auch mit seinem Hund die Spurensuche trainiert. Dann kann jeder von Ihnen eine Spur legen, die sich dann an irgendeiner Stelle überkreuzen (siehe Zeichnung). Je spitzer der Winkel dabei ist, desto »verleitender« ist die Verleitung. Lassen Sie dann die Hunde jeweils Ihre eigenen Spuren absuchen. Lassen sie sich verleiten? Oder zeigen sie überhaupt ein Zögern an der Stelle, an der sich die Spuren überschneiden? Laufen die Hunde unter Umständen ein Stück der Verleitung nach, um dann wieder nach der eigentlichen Spur zu suchen? Beobachten Sie die Hunde genau. Sie können dabei eine Menge lernen.

Wenn das gut klappt, legen Sie noch einmal jeder eine Spur, die sich wieder an einer Stelle überlappen soll. Dann lassen Sie die Hunde jeweils die fremde Spur absuchen. Lassen sie sich jetzt verleiten und folgen der ihnen viel bekannteren Spur? Vergessen Sie nicht, den Hund zu loben, als hätte er ein Weltwunder vollbracht, wenn er auf der zu suchenden Spur bleibt! Das ist dann

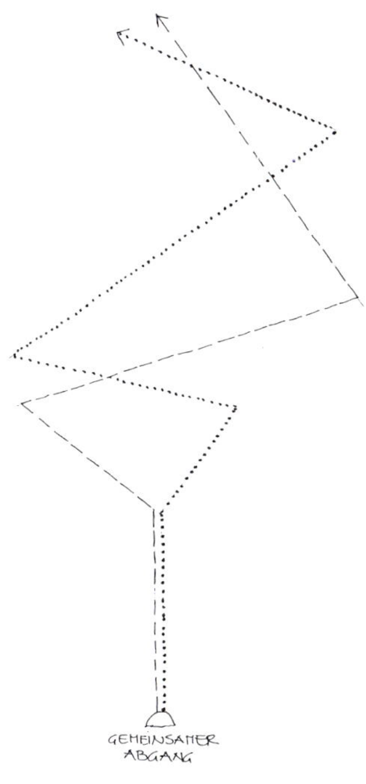

nämlich eine tolle Leistung. Sie können die Spuren auch so legen, dass sie sich mehrmals überschneiden und das dann in den unterschiedlichsten Winkeln.

Sie können die Spuren auch gemeinsam beginnen – vielleicht sogar überlappend – und sich dann an einer Stelle trennen. Der Fantasie sind hier keine Grenzen gesetzt. Solch ein gemeinsames Training kann eine Menge Spaß machen. Und wenn die Hunde diesen Ausbildungsstand erreicht haben, hat man immer wieder Grund, ihre enorme Nasenleistung zu bewundern.

Sie können auch mal eine Spur über einen Wildwechsel legen oder legen lassen. Bleibt der Hund auch hierbei der zu suchenden Spur treu? Wenn ja, gibt das natürlich wieder einen Jackpot. Wenn nicht, müssen Sie noch gründlicher die Vorstufen in der Ausbildung trainieren, denn hierbei sind wir wieder bei Aufgaben für Fortgeschrittene.

Alte Spur

Bis jetzt haben wir immer relativ frische Spuren gesucht. Das Geruchsbild einer Spur ändert sich mit ihrem Alter. Man kann sich das so vorstellen, dass ein Mensch einen richtigen Tunnel an Geruch hinter sich herzieht. Wenn er steht, verströmt er den Geruch in alle Richtungen, also verteilt sich der Geruch zunächst kugelförmig. Bewegt sich der Mensch, kommt dann dieser »Geruchstunnel« zustande. Allerdings sinken die einzelnen Geruchspartikel dann recht schnell zu Boden. Von dem »Geruchstunnel« bleibt dann nach einiger Zeit nur noch eine Spur am Boden zurück. Diese Geruchsspur ist dann noch den unterschiedlichsten Witterungen ausgesetzt. Bei warmem Wetter steigt die Spur wieder etwas nach oben. Sie werden vielleicht auch schon gemerkt haben, dass der Hund bei warmem Wetter mit höherer Nase sucht als bei kühlerem Wetter. Das wird noch deutlicher in älteren Spuren. Starke Sonneneinstrahlung verbrennt im Prinzip die Geruchspartikel. Dann wird es schwierig für den Hund, aus dem was übrig bleibt, noch den richtigen Weg zu finden. Das gilt besonders auf Asphalt, weil da die Geruchspartikel ungeschützt der Sonne ausgeliefert sind. Im Gras halten sie sich besser. Feuchtes Wetter konserviert die Geruchspartikel. Den Hunden fällt das Suchen dann meist deutlich leichter. So kann eine schon ältere Spur, die vielleicht sogar schon starker Sonneneinstrahlung ausgesetzt war, durch einen leichten Regen oder Tau wieder deutlicher werden. Eine mögliche Erklärung dafür ist die Aktivierung der Bakterientätigkeit. Weiter oben haben wir ja schon mal beschrieben, wie jede abgestorbene Hautzelle, die unseren Körper verlässt, von Bakterien besetzt ist. Ist es zu heiß und trocken, stellen die Bakterien ihre Stoffwechselaktivitäten ein, können sie aber dann wieder aufnehmen, wenn es feuchter wird. Dann werden also wieder mehr Gase gebildet, die der Hund riechen kann.

Diese Veränderungen der Spur wirken sich natürlich auf das Geruchsbild aus. Je nach Alter der Spur kann diese also ganz anders aussehen, was es für den Hund schwierig machen kann. Und das ist die Herausforderung einer älteren Spur. Es gibt verschiedene Möglichkeiten und Meinungen, wie man den Hund an diese Aufgabe heranführen kann. Einige Trainer arbeiten von Anfang an mit einer mindestens vier Stunden alten Spur. Nach dieser Zeit hat sich die Spur sozusagen »gesetzt«, alle Geruchspartikel sind am Boden angekommen und damit ist die Spur am Boden am deutlichsten. Wenn der Hund das gut kann, wird die Spur allmählich jünger gemacht.

Wir fangen bei unserem Übungsaufbau naturgemäß mit einer jungen Spur an, die dann allmählich immer länger liegen gelassen wird, bis der Hund zur Suche angesetzt wird. Dabei muss man unter Umständen in Fünf-Minuten-Intervallen vorgehen. Wenn die erste Spur zwanzig Minuten liegt, steigert man das von Suche zur Suche um fünf Minuten. Anfangs kann man auch mit größeren Intervallen experimentieren. Sollte der Hund je Schwierigkeiten haben, geht man noch einmal zur jüngeren Spur zurück und arbeitet sich in kürzeren Zeitintervallen in Richtung ältere Spur. Wie alt kann eine Spur sein, die ein Hund noch ausarbeiten kann? Es gibt Berichte, dass ein Hund eine schon eine Woche alte Spur verfolgen konnte. Das hängt natürlich von den Wetterbedingungen ab und von Trainingsstand des Hundes. Bei diesen extremen Aufgaben wird wohl auch die Rasse eine Rolle spielen. Hier wird dann deutlich, was den Hunden über ihre Gene mit ins Blut gelegt ist. Aber auch wenn man keinen Bloodhound hat, kann man solche Aufgaben angehen. Über einen schön stufenweisen Trainingsaufbau kann man auch für die Geruchsarbeit ganz untypische Rassen zu ungeahnten Leistungen bringen. Und letztendlich soll ja auch der Spaß, den Mensch und Hund haben, im Vordergrund stehen.

Personensuche

Ein Hund kann eine Person in einem Gebiet suchen, indem er die Nase in die Luft streckt und die Gegend nach menschlichem Duft absucht. Das ist das Prinzip der Flächensuche, wie sie in der Rettungshundearbeit ausgebildet wird. Der Hund wird bei richtiger Ausbildung dann jeden anzeigen, der sich in diesem vorgegebenen Gebiet aufhält. Er kann aber auch die Spur einer bestimmten Person verfolgen. Bei dieser Art der Suche spricht man in letzter Zeit häufig von »Mantrailing«. Im Unterschied zur Flächensuche wird hier nicht ein bestimmtes Gebiet nach egal welchen Menschen abgesucht, sondern es wird eine durch einen Beispielgeruch ganz genau bestimmte Person verfolgt.

Eigentlich ändert sich für den Hund nicht viel im Vergleich zu dem, was wir bisher mit ihm geübt haben, außer dass am Ende der Spur jetzt nicht irgendein Spielzeug oder eine Leckerchendose wartet, sondern eine Person. Für den Aufbau der Personensuche über die Spur bitten Sie also Ihre Hilfsperson, sich am Ende der Spur zu verstecken. Sie hat die Belohnung für den Hund dabei und wenn der Hund am Ende der Spur ankommt, wird er sowohl von der Hilfsperson als auch vom Hundeführer überschwänglich belohnt. Ein gut sozialisierter, nicht menschenscheuer Hund dürfte damit keine Probleme haben.

Um dem Hund diese Übung zunächst wieder einfach zu gestalten, lassen Sie den Hund zunächst ruhig eine bekannte Person suchen. Das ist zusätzlich motivierend und der Hund wird sich freuen, diese Person zu finden. Mit einem sehr sicheren Hund kann man unter Umständen sofort mit der Fremdsuche beginnen, wenn er sich gut motivieren lässt. Das ist Aufgabe des Trainers, den Hund richtig einzuschätzen. Jede Überforderung sollte vor allem am Anfang vermieden werden. Daher fängt man die Übung am besten leicht an, um die Schwierigkeiten aber kontinuierlich zu steigern. Denn eine Unterforderung langweilt.

Wenn Sie möchten, dass der Hund eine bestimmte Anzeige für die gefundene Person wählt, ist jetzt der Zeitpunkt diese einzuführen, nachdem sie natürlich zuvor erst richtig gründlich trainiert wurde (siehe S. 34).

Als neue Schwierigkeit für den Hund können Sie jetzt damit beginnen, ihn nicht mehr direkt in Laufrichtung anzusetzen, sondern aus ein bis zwei Metern Abstand von der Seite. Das ist für später eine wichtige Vorübung. Der Hund muss sich nämlich für eine Richtung entscheiden. Und er muss vor allem den Beginn der Spur selbstständig finden. Später sollte auch der Hundeführer nicht mehr wissen, in welcher Richtung das »Opfer« sich bewegt hat, um sein Vertrauen in den Hund immer mehr zu steigern. Dann muss er sich darauf verlassen können, dass der Hund die richtige Richtung wählt. Dafür sind die Hunde schon von Natur aus sehr gut ausgestattet. Sie können mit ihren Nasen quasi stereo riechen, so wie wir mit unseren Ohren stereo hören können, wie wir es auf Seite 49 schon einmal beschrieben haben.

Jetzt wird die Spur immer schwieriger. Als Erstes kommt eine Kreuzung mit ins Spiel. Das Opfer biegt jetzt – ohne dass der Hund es sieht – auf der

Das »Opfer« belohnt den Hund mit etwas besonders Gutem für erfolgreiches Finden.

Kreuzung ab, läuft noch mal etwa hundert Meter weit und versteckt sich an der Wegesseite.

Wichtig ist hier wieder eine deutliche Absprache über das Versteck. Wir benutzen gerne unterschiedlich gefärbte Wäscheklammern. Eine Farbe bedeutet »Das ist der richtige Weg«, eine andere Farbe bedeutet »Direkt hier hinter bin ich rein und warte im Versteck«. Wenn Bäume da sind und genügend Äste in Augenhöhe ist das eine sehr schöne Art der Markierung, die auch den Hund nicht weiter stört.

»Mit meiner Hündin kam ich zu Anfang ihrer Ausbildung mal in folgende Situation. Ich erklärte der ortsfremden Versteckperson den Weg, den sie nehmen sollte. Dabei war ich mir über einen bestimmten Weg aber nicht mehr bewusst. Ich beschrieb also, sie sollte dem Weg folgen, käme dann über eine schmale Lichtung, an deren Ende ein Hochsitz steht. Dort solle sie rechts abbiegen und sich dann nach fünfzig Metern im Wald verstecken. Dummerweise hatte ich außer dem Weg, den ich nicht mehr in meiner Erinnerung hatte, auch noch einmal rechts mit links verwechselt. Die Versteckperson ging dann auf dem Weg, an den ich gar nicht gedacht hatte. Unglücklicherweise kam auch da ein Hochsitz und sie konnte wie beschrieben rechts abbiegen. Am Ende war sie aber eben absolut nicht mehr da, wo ich sie erwartete. Als ich bei der Suche dann mit meiner Hündin den vergessenen Weg sah, war mir klar, dass meine Versteckperson den genommen haben musste. Meine Hündin folgte auch diesem Weg und hätte auch fast die Person gefunden. Allerdings wurde ich so unsicher, weil ich ja nun überhaupt nicht mehr wusste, in welche Richtung es gehen sollte. Ich war mir auch nicht sicher, ob Runa dieser Aufgabe schon gewachsen war. Meine sich mehr und mehr steigernde Unsicherheit übertrug sich wohl auf den Hund und sie hörte auf zu suchen. Das Ende war, dass wir in drei Gruppen rufend durch den Wald liefen, um unsere arme Versteckperson wiederzufinden, die sich zudem noch gar nicht auskannte.«

Das war uns eine Lehre und seitdem wird keine Spur mehr ohne Markierung gelegt. Außerdem wurden Funkgeräte angeschafft, um damit immer einen »heißen Draht« zum Opfer zu haben. Das war das Gute an der Sache. Das nicht so Schöne an der Sache war, dass damit der Hund natürlich sehr verunsichert wurde. »Sie macht eigentlich das Richtige und ich vertraue ihr nicht. Runa hat mir dieses eine Mal glücklicherweise nicht übel genommen. Es hätte aber sein können, dass ich mir das Suchen damit gründlich verdorben hätte.«

Wichtig ist also immer, dass man weiß, welchen Weg das »Opfer« gegangen ist. Wenn das später aus Trainingsgründen der Hundeführer nicht mehr wissen sollte, dann sollte vorübergehend eine Begleitperson den genauen Weg kennen, um dem Hundeführer im Zweifelsfalle Sicherheit zu geben. Später muss auch das abgebaut werden, wenn der Mensch wirklich lernen soll, sich auf seinen Hund zu verlassen.

Genau wie bei der Spurensuche ohne Person wird im Laufe des Trainings die Strecke immer weiter erschwert. Unterschiedliche Winkel, hier vorzugsweise an Kreuzungen, sollen eingebaut werden. Was man hierbei beachten muss, sind die Windströmungen an Kreuzungen. Die sind da manchmal ganz gewaltig. Es kann also sein, dass der Wind den Geruch in einen Weg hineinbläst, obwohl die Person da gar nicht gegangen ist. Sollten Sie an eine solche Kreuzung kommen, können Sie die Spur am Anfang auch ruhig noch mal von kurz vor der Kreuzung bis kurz dahinter sprühen lassen. Sorgen Sie dafür,

dass Ihr Hund Erfolg hat und erst einmal lernen kann, mit solch einer Situation umzugehen.

Bauen Sie auch hier wieder unterschiedliche Untergründe ein. Das Opfer kann zum Beispiel auch über Asphalt gehen oder über Schotterwege, Wiesen, eventuell durch sehr feuchtes Gelände oder was immer Sie zur Verfügung haben. Beobachten Sie, wie der Hund auf den unterschiedlichen Böden sucht. Hat er irgendwo Schwierigkeiten? Hängt es vom Boden ab, ob er die Nase höher oder tiefer hält? Wie verändert sich sein Suchen unter unterschiedlichen Wetterbedingungen? All diese Beobachtungen werden Ihnen helfen, Ihren Hund immer besser zu verstehen. Führen Sie ihn immer nur langsam an neue Schwierigkeiten heran. Oft ist aber auch das, was uns als schwierig erscheint, für den Hund in Wirklichkeit ganz einfach. Wenn der Hund es zum Beispiel gewohnt ist, über Wege zu suchen, wird ihm eine Suche quer durch den Wald ganz leicht fallen. Das kommt den Menschen dann oft wie eine neue Herausforderung vor. Der Hund hat es da jedoch recht einfach, die wahrscheinlich einzige menschliche Spur zu finden. Sucht er auf einem Weg, hat er es immer mit einem Sammelsurium an Gerüchen zu tun.

Es sind der Fantasie jetzt jedoch keine Grenzen gesetzt, was man dem Hund oder besser gesagt dem Hund-Mensch-Team noch als Herausforderungen stellen kann.

So kann der zu suchende Mensch in einer ganzen Personengruppe losgehen und sich dann von den anderen trennen.

Oder umgekehrt: Der zu suchende Mensch schließt sich einer ganzen Gruppe an und der Hund muss dann zeigen, welches der richtige Mensch ist. Hierfür muss er eine Art der Anzeige lernen, damit er uns auch wirklich eindeutig zeigen kann, welche Person er meint. So könnte er die Person anbellen, sie anspringen, sich davor hinsetzen oder hinlegen oder was auch immer. Überlegen Sie sich die Vor- und Nachteile und wählen Sie dann eine Form der Anzeige aus.

Das »Opfer« könnte sich auch mal höher verstecken, zum Beispiel auf einem Hochsitz oder auf einem Baum. Wie geht der Hund damit um? Der Geruch fällt in einem solchen Fall eigentlich immer schön auf den Boden. Das Problem ist nur, dass er vom Wind etwas abgetrieben werden kann (siehe Zeichnung). An der Stelle, an der der Hund den Geruch unter Umständen wahrnimmt, ist der Mensch absolut nicht zu entdecken. Solche höher gelegenen Verstecke sollte man daher anfangs wählen, wenn es recht windstill ist. Das macht es dem Hund erst einfacher.

Das »Opfer« kann seine eigene Spur unterwegs kreuzen. Was macht der Hund? Folgt er der Spur in ihrem Verlauf oder wechselt er auf die frischere Spur der zu suchenden Person? Beides ist eigentlich richtig. Es ist aber sehr spannend, die Arbeit des Hundes zu beobachten. Die Hunde, die auf die frischere Spur wechseln, scheinen richtig mitzudenken. Die frischere Spur ist nämlich näher am »Opfer«, also wäre es Energieverschwendung, der anderen Schleife zu folgen. Vielleicht findet der Hund aber auch gerade das etwas einfacher. Lassen Sie ihn entscheiden und beobachten Sie.

Der Geruch eines oben befindlichen Opfers fällt in der Regel nach unten, kann aber vom Wind abgetrieben werden.

Auch bei der Suche nach einem Menschen kann man das Alter der Spur allmählich steigern. Schafft Ihr Hund es, einer zwei Stunden alten Spur zu folgen? Wie sieht es aus, wenn die Spur vier Stunden alt ist oder acht? Wenn die Hilfsperson die Spur mehrere Stunden vor der eigentlichen Suche gelegt hat, sollte sie zum Zeitpunkt der Suche über einen anderen Weg an das Ende der Spur gebracht werden. Denn es ist wohl keinem zuzumuten, stundenlang an einer Stelle zu warten, es sei denn, es ist herrliches Wetter und der Mensch hat ein tolles Buch (wie z. B. Harry Potter) bei sich. Bei einer Spur, die älter als acht Stunden ist, spricht man in Jägerkreisen von einer »kalten« Spur. Ab hier kann es unter Umständen mit Rassen schwierig werden, die nicht speziell für die Nasenarbeit gezüchtet wurden. Aber es gibt durchaus auch Border Collies (um ein Beispiel zu nennen), die das schaffen, ohne speziell dafür gezüchtet zu sein. Noch wichtiger als die Rasse ist unserer Meinung nach das Vertrauen, welches der Hundeführer in seinen Hund hat und ein sorgfältiger Trainingsaufbau. Versuchen Sie es also ruhig, auch wenn Sie keinen speziellen Nasenhund – wie z. B. einen Bluthund – Ihr Eigen nennen. Wenn Sie allerdings trotz guten und fleißigen Trainings an des Hundes Grenzen stoßen, akzeptieren Sie das! Es gibt noch genügend andere Herausforderungen, wo er sein Können beweisen kann.

Eine davon ist das Arbeiten mit einem Geruchspool. Was ist das? An einem Geruchspool sammelt sich eine ganze Menge Geruch der zu suchenden Person. In vielen Situationen können wir uns den Geruch wie Wasser vorstellen. So sammelt sich auch der Geruch in bestimmten Vertiefungen und es entsteht ein Geruchspool. Wenn die Person lange an einer Stelle verweilt, bevor sie weitergeht, verteilt sich an dieser Stelle auch besonders viel Geruch. Hier könnte man vielleicht auch von einer Geruchswolke sprechen. Das schwierige an diesen Beispielen ist, dass viel Geruch da ist, aber nicht unbedingt die Person. Ein ähnliches Beispiel hatten wir schon, als die Person in einem hochgelegenen Versteck war.

Einen solchen Geruchspool auszuarbeiten, stellt also eine nächste Herausforderung für den Hund dar.

Fangen Sie wieder ganz einfach an. Vereinbaren Sie mit Ihrer Versteckperson einen bestimmten Weg. An einer Stelle – das kann zum Beispiel eine Bank sein – soll sie sich fünf Minuten hinsetzen und »ausruhen«, und dann erst weitergehen. Diese Stelle sollte etwas windgeschützt liegen. Anschließend geht die Person also dann weiter bis zum verabredeten Ziel, das für den Anfang nicht zu weit von dieser Pausenstelle weg sein sollte. Aber natürlich darf es auch nicht zu nah sein, sonst vermischen sich die beiden Geruchswolken. Je nach Gelände und Windstärke sollten mindestens fünfzig Meter zwischen der Stelle, an der der Mensch sich ausgeruht hat, und der Stelle, an der er letztendlich versteckt ist, sein. Sie setzen Ihren Hund auf die Spur an. Jetzt sind Sie wieder gefordert: Wie reagiert der Hund, wenn er zu diesem Geruchspool

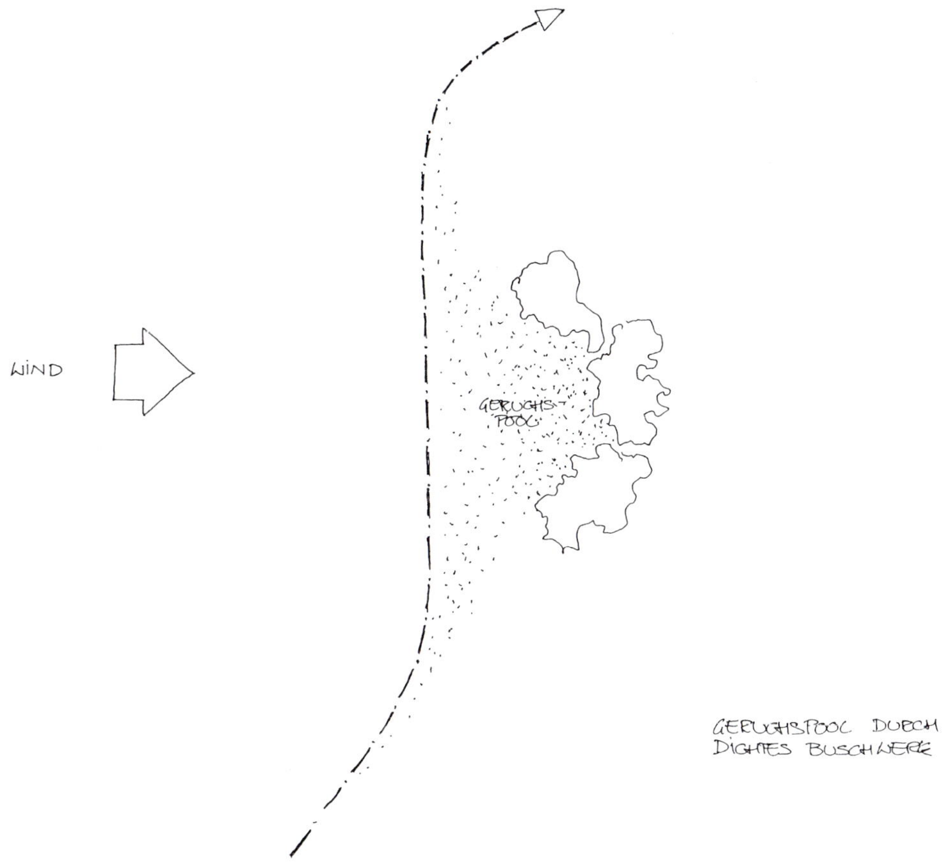

oder der Geruchswolke kommt? Wird er aufgeregt, weil er vielleicht denkt, er sei seinem Ziel ganz nahe, weil es an dieser Stelle so stark nach der Person riecht? Hält er sich gar nicht besonders auf, sondern läuft sofort auf der Spur weiter? Das wird wohl eher die Ausnahme sein. In den meisten Fällen fällt es dem Hund zunächst einmal schwer, aus dem Geruchspool wieder herauszukommen. Lassen Sie ihn das möglichst selbstständig erarbeiten. Er sollte merken, dass trotz starken Geruches keine Person zu finden ist und er sollte den weiteren Verlauf der Spur finden. Wenn der Hund mit dieser Aufgabe zu große Schwierigkeiten hat, machen Sie es ihm das nächste Mal einfacher, indem die Person nur eine Minute an einer bestimmten Stelle verweilt und den Ausgang aus dem Pool unter Umständen auch noch mal sprüht. Steigern Sie diese Zeit dann allmählich und bauen Sie das Sprühen wieder ab.

Ganz besonders wichtig an dieser Übung ist, dass Sie merken, wann der Hund in einen solchen Geruchspool kommt. Sie sollten Ihren Hund wieder sehr gut lesen lernen. Denn sein Verhalten ist seine Art, Ihnen mitzuteilen, was er gerade riecht. Und das sollten Sie immer sicherer verstehen lernen. Es kann nämlich sein, dass der Hund auf einer Suche in einen Geruchspool kommt, der durch die natürlichen Gegebenheiten entstanden ist (Beispiel siehe Zeichnung). So kann es Situationen geben, in denen die Riechfähigkeit Ihres Hundes und Ihr Verstand gleichermaßen gefordert sind. Wo kann der Geruch im Geruchspool herkommen? Kommt der Wind von oben oder von unten? Wie kann ich dem Hund unter Umständen helfen, wieder auf die Spur zu kommen? Das sind dann wirklich Aufgaben für ein sehr fortgeschrittenes Team. Voraussetzung ist jedoch eine optimale Verständigung zwischen Ihnen und Ihrem Hund. Und die soll durch all die unterschiedlichen Übungen immer mehr steigen. Wir hoffen auch, Sie sind bis jetzt bei der Erkenntnis angelangt, dass wir dem Hund in diesen Riechsachen nichts beibringen können. Wenn der Hund einen Fehler macht, haben wir ihm nicht richtig vermittelt, was er machen soll. Wir können ihm also nichts beibringen. Wir können aber lernen, uns immer besser mit ihm zu verständigen. Und wir können in manchen Situationen unsere und seine Fähigkeiten sinnvoll kombinieren, um als Team bestimmte Aufgaben zu lösen.

Wenn der Hund den Geruchspool gut ausarbeitet, der durch die fünfminütige Pause entstanden ist, können Sie Ihre Versteckperson auch mal bitten, sich in diesen fünf Minuten auf einer Fläche von rund drei mal drei Metern zu bewegen, so dass die ganze Fläche mit seiner Spur ausgelegt ist. Diese Fläche soll er dann in einem beliebigen Winkel zur Eingangsspur wieder verlassen. Findet der Hund die Spur, die aus der Fläche hinausführt? Wie löst er die Aufgabe? Schnüffelt er ausgiebig in der Fläche oder schnüffelt er am Rand entlang, um die Ausgangspur zu finden?

Beim ersten Mal sollten Sie die Aufgabe immer kennen. Denn außer dass es darum geht, dass der Hund die Aufgabe löst, geht es hauptsächlich darum, dass Sie den Hund lesen lernen. Wenn das klappt, sollten Sie sich aber auch immer öfter Spuren legen lassen mit Aufgaben, die Sie beide zwar schon beherrschen, von denen Sie jedoch nicht wissen, um welche Aufgabe es sich handelt. Denn sonst könnte es sein, dass Sie ihm unbewusst Zeichen geben. Das kann man eigentlich nur dadurch vermeiden, dass man selber nicht weiß, wo die Spur läuft. Und auch dann ist es noch sehr schwierig, sein Denken auszuschalten. Zu oft erleben wir, dass die Menschen in den jeweiligen Teams glauben, da und da müsste das Opfer entlanggegangen sein, und dadurch den Hund auf die falsche Fährte »drücken«. Optimal wäre es, wenn man dem Hund immer vermitteln würde: »Ich weiß nicht, wo die Spur läuft. Zeig du sie mir!« Besonders in schwierigen Passagen muss man die Geduld haben, den Hund die Spur alleine ausarbeiten zu lassen. Denn wie schon gesagt: Wir können dem Hund nicht sagen, wo der Geruch ist! Wir können nur durch einen wohlüberlegten und geduldigen Trainingsaufbau versuchen, die Verständigung zwischen Hund und Mensch immer weiter zu verfeinern.

Aufgaben für Könner

Training in der Stadt

Sie sind mit Ihrem Hund inzwischen da angekommen, wo Sie nach immer neuen Herausforderungen suchen. Alles andere schaffen Sie beide schon in den meisten Fällen mühelos und Sie sind auch etwas neugierig, zu was der Hund noch so alles fähig ist.

Hier möchten wir Ihnen auch für diesen Fall noch zwei Herausforderungen liefern. Die erste ist das Suchen in der Stadt, die zweite die unterbrochene Spur.

Zuerst in die Stadt: Der Hund hat das Suchen auf Asphalt gelernt. Das sollte für ihn daher keine besondere Schwierigkeit mehr darstellen. Denn jetzt kommen andere Schwierigkeiten wie zum Beispiel viele Autos und ihre Abgase, viele andere Menschen und ihre Hinterlassenschaften, wie vielleicht Fritten, Brotreste und so weiter. Auch die Luftströmungen in Häuserreihen sind eine Herausforderung für sich.

Diesen Herausforderungen wollen wir uns jetzt nach und nach stellen. Beginnen Sie in einer ruhigen Straße mit wenig Fahrzeug- oder Personenverkehr. Sie sollten wieder genau wissen, wo die zu suchende Person gegangen ist. Als Markierung eignet sich unter Umständen Kreide. Eine gute Absprache ist unbedingte Voraussetzung oder aber eine dritte Person, die den Weg sehr gut kennt. Auch wäre es sinnvoll, ein oder besser zwei Personen als Hilfe zu haben, die Ihnen fahrende Autos vom Leib halten oder Fragen von Passanten beantworten, so dass Sie sich voll und ganz auf Ihren Hund und dessen Arbeit konzentrieren können. Spätestens zu diesem Zeitpunkt ist es also wünschenswert, dass Sie mit Ihrer Begeisterung für die Nasenarbeit des Hundes noch andere Menschen angesteckt haben, damit Sie sich gegenseitig helfen können.

Lassen Sie die Spur für den Anfang kurz. Hundert Meter reichen zunächst völlig. Denn wir wollen nicht an der Ausdauer des Hundes arbeiten, sondern ihm eine neue Aufgabe stellen. Bauen Sie aber ruhig schon ein oder zwei Winkel ein, zum Beispiel an Kreuzungen. Nun ist es wieder an Ihnen, Ihren Hund genau zu beobachten. Wie löst er diese Aufgabe? Lässt er sich ablenken von Personen, anderen Gerüchen oder vielleicht auch anderen Hunden? Sollte so etwas der Fall sein, gehen Sie nochmals einige Schritte in der Ausbildung zurück und arbeiten Sie gezielt daran, eine solche Ablenkung in schon bekannte Aufgaben einzubauen. Beherzigen Sie immer das Prinzip, dass nur an einer Sache gearbeitet wird. Alles andere aus der Übung sollte dem Hund schon bekannt sein. Und denken Sie daran, ihn immer mit einer Überraschung zu belohnen, wenn er solch eine neue Herausforderung bestanden hat.

Nach und nach können Sie dann auch die Spuren in der Stadt verlängern. Suchen Sie auch unter unterschiedlichen Wetterbedingungen. Wie sucht der Hund eine Spur, die im Regen gelegt wurde, im Vergleich zu einer, die im Trocknen gelegt wurde, auf die es aber anschließend geregnet hat? Wie arbeitet er bei starkem Wind? Notieren Sie sich alles in Ihrem Trainingstagebuch. Es wird an Erfahrungen immer reicher, die Sie dann später immer wieder rekapitulieren können.

Arbeiten Sie auch in der Stadt an unterschiedlich alten Spuren. Wie sieht es aus, kann Ihr Hund in der Ortschaft genauso alte Spuren verfolgen wie im Gelände? Ist Ihnen schon aufgefallen, dass ein leichter Regen das Suchen für den Hund wieder einfacher macht? Bei wirklich schwierigen Aufgaben können Sie Ihrem Hund zum Beispiel helfen, indem Sie den morgendlichen Tau ausnutzen.

Die unterbrochene Spur

Eine weitere schöne Herausforderung ist die unterbrochene Spur. Das kann sowohl zeitlich als auch räumlich passieren. Beginnen Sie zunächst mit einer zeitlichen Unterbrechung. An einer Stelle der Spur unterbrechen Sie die Suche, um eine Pause einzulegen. Um dem Hund zu signalisieren, dass er jetzt Pause hat, nehmen Sie ihn für diese Zeit aus seinem Geschirr. Anschließend ziehen Sie ihm sein Geschirr wieder an und lassen ihn weiter suchen. Anfangs werden Sie ihn hierfür wohl neu mit dem Geruchsstoff ansetzen müssen. Wenn er das Prinzip der Unterbrechung verstanden hat, wird er auch von sich aus die richtige Spur weiter verfolgen, sobald er dazu Gelegenheit hat.

Eine Möglichkeit der räumlichen Unterbrechung ist zum Beispiel die, dass die zu suchende Person ein Stück der Strecke durch einen Bachlauf geht. Auch hier sind die Hunde erstaunlich gut. (Hierbei wird der Hund nicht aus seinem Geschirr genommen, denn er soll seine Arbeit ja weiter fortsetzen.) Sie nutzen Grashalme, an denen die Person vorbeigestreift ist oder Äste, um dennoch den Verlauf der Spur zu verfolgen. Wenn Sie die Möglichkeit haben, wählen Sie immer breitere Wasserläufe. Die Übung eignet sich hervorragend als kleine Erfrischung im Sommer.

Was macht der Hund, wenn er keine Grashalme oder sonstigen Hilfen mehr hat? Sie können ihn beide Bachseiten absuchen lassen, bis er die Spur wieder gefunden hat. Wie bei allen Aufgaben gilt auch hier: Führen Sie den Hund ganz allmählich an solche Aufgaben heran. Am Anfang reicht es völlig,

wenn die Person zwei bis drei Meter durchs Wasser geht. Wenn Sie es schaffen, die Schwierigkeiten der Übungen genau den Möglichkeiten des Hundes anzupassen, werden Sie einen Hund haben, der immer mit Spaß bei der Sache ist. Sie können sich dann gut auf ihn verlassen. Stellen Sie ihm zu schwere Aufgaben, kann er sein, dass er sich überfordert fühlt. Darauf reagieren die Hunde unterschiedlich. Die einen brechen die Suche ab, die anderen markieren immer häufiger während der Suche, was sie sonst nicht machen, und wieder andere suchen fleißig eine falsche Spur, so dass der Hund einem dann recht unzuverlässig erscheint. Achten Sie auf solche Zeichen der Überforderung, besonders bei diesen Herausforderungen, die wir dem Hund hier stellen. Seien Sie geduldig in der Ausbildung. Es ist so viel leichter, in nur kleinen Schritten vorwärtszukommen, als durch Ungeduld einen großen Rückschritt zu machen, den man oft gar nicht so leicht wieder ausbügeln kann.

Eine nächste Möglichkeit, eine Spur zu unterbrechen, ist die, dass für die zu suchende Person an einer Stelle ein Fahrrad bereit steht (von einer dritten Person). Damit soll sie einige Meter fahren (für den Anfang wieder nicht weit!), das Fahrrad dann wieder abstellen und die Spur wie gewohnt zu Fuß weiter fortsetzen. Genauso wie bei der Suche durch einen kleineren Wasserlauf ist die Spur hierbei nicht völlig abgebrochen, sondern nur von ihrer Qualität sehr verändert, man könnte vielleicht sagen »stark verdünnt«. Durch solche Herausforderungen kann man auch erfahrenen guten Hunden immer wieder neue Anreize geben. Denn genauso wie eine Spur nie zu schwer sein sollte, sollte sie nie langweilig werden.

Eine deutliche Unterbrechung der Spur ist die Fahrt im Auto. Aber auch damit kann der Hund in einem gewissen Rahmen durchaus umzugehen lernen. Diese Aufgabe erfordert einige Vorbereitungen. An einer Stelle der zu suchenden Spur sollte ein Auto abgestellt werden. Das muss eine andere Personen machen als diejenige, die gesucht werden soll. Am besten eignet sich dafür ein geteerter Feldweg, auf dem möglichst kein Verkehr ist.

Die Versteckperson kommt jetzt auf ihrem Weg zu dem Auto, steigt ein und fährt etwa hundert Meter weit bzw. lässt sich fahren. Dann steigt Sie wieder aus und führt ihren Weg fort. Sprechen Sie vorher ab, in welche Richtung gefahren wird. Und denken Sie am Anfang auch daran, dass die Stelle markiert wird, an der die Spur wieder fortgesetzt wird oder dass dort eine

Hilfsperson (z. B. der Fahrer des Autos) auf Sie wartet, um zur Not einzugreifen, damit Sie wieder die richtige Spur finden. Hat der Hund die Spur verloren, gehen Sie mit ihm der Straße entlang und ermuntern ihn kurz vor der verabredeten Stelle wieder mit der Suche anzufangen. Achten Sie auf sein Verhalten. Wann hat er die Spur wieder? Oder kam er ganz raus aus dem Suchen? Dann müssten Sie ihn eventuell noch einmal neu ansetzen.

Wenn der Hund diese Aufgabe schafft, ohne dass er neu angesetzt werden muss, können Sie die Aufgabe noch etwas kniffeliger machen. Dafür brauchen Sie an einer verabredeten Stelle zwei Autos. In das erste steigt die zu suchende Person ein und lässt sich diesmal etwa einen Kilometer weit fahren. Für Sie steht das zweite Auto mit Fahrer bereit. Sie sollten sich dann mit Ihrem Hund an das offene Fenster setzen und ihn auffordern, die Spur wieder zu finden. Ihr Fahrer sollte dabei ganz langsam fahren. Und Sie sollten mit dem Hund auf der Seite des Fahrzeuges sitzen, auf der die Spur nachher auch weiter geht. Wenn Sie bis hierhin in der Ausbildung gekommen sind, sollten Sie die feinen Zeichen schon erkennen, die Ihr Hund gibt, wenn er die Spur wieder in der Nase hat. An der Stelle verlassen Sie Ihr Auto und lassen den Hund die Spur wieder weiter verfolgen. Wir sind immer wieder fasziniert, zu welchen Leistungen die Hunde fähig sind!

Für stadterfahrene Hunde gibt es eine nächste Steigerung dieser Übung. Ihre Versteckperson kann auf ihrer Strecke in eine Straßenbahn einsteigen. Sprechen Sie die Haltestelle ab, an der sie wieder aussteigt. Sie folgen dann mit Hund, der Ihnen an der U-Bahn-Station deutlich machen wird, dass die Spur dort aufhört. Sie nehmen die nächste Bahn, steigen an der verabredeten Haltestelle wieder aus und der Hund kann seine Arbeit fortsetzen. Auch bei dieser Unterbrechung wird der Hund nicht aus seinem Geschirr genommen. Er hat keine Pause, auch wenn er während der U-Bahn-Fahrt nicht selber mitsuchen kann. Beim Aussteigen soll er schließlich von sich aus versuchen, die Spur wieder aufzufinden. Meistert der Hund auch diese Aufgabe schon, können Sie zur Abwechslung auch mal an der falschen Haltestelle aussteigen. Jetzt findet der Hund keine Spur, was er Ihnen durch eine Negativanzeige anzeigen sollte. Sie nehmen die nächste Bahn, um dann an der richtigen Station auszusteigen und der Hund kann seine Arbeit fortsetzen. Sie sehen, der Fantasie sind beim Gestalten des Trainings kaum Grenzen gesetzt. Das macht diese Art der Beschäftigung mit dem Hund auch so spannend. Man kann fast nie sagen: So, jetzt kann ich alles. Man findet immer wieder neue Dinge, die man in Angriff nehmen kann.

Abwechslungen im Geruchsstoff

Bis jetzt hatten wir als Geruchsstoff immer etwas, was die zu suchende Person getragen hat und was dann für den Hund entweder in einer Tüte zur Geruchsaufnahme bereitgehalten wurde oder aber am Beginn der Spur lag. Auch für diesen Bereich der Ausbildung gibt es viele interessante und spannende Herausforderungen.

Ändern Sie zunächst einmal Größe und dann auch das Material des Duftstoffes. So könnten Sie mit immer kleineren Stofffetzen arbeiten. Auch Gegenstände wie Feuerzeug oder eine Brille können zum Beispiel als Geruchsstoff dienen. Wie sieht es aus mit einem Ring oder einem Ohrring? Hierbei muss der Hund mit sehr wenig Geruch auskommen. Aber auch dazu sind Hunde in der Lage! Ist das nicht faszinierend?

Wenn der Hund nun mit allen möglichen, zum Teil auch kleinsten Gegenständen zur Geruchsaufnahme vertraut ist, können Sie auch mal an bestimmten Orten Geruch aufnehmen lassen. Als Beispiel hat die zu suchende Person zunächst in einem Biergarten gesessen und ist von dort aus gestartet.

Auch kleine Gegenstände eignen sich als Geruchsstoff.

Lassen Sie sich von jemandem den Stuhl zeigen, auf dem die Person gesessen hat (und anschließend kein anderer mehr!) und lassen Sie den Hund dort Geruch aufnehmen. Oder zeigen Sie dem Hund das Glas, aus dem die Person getrunken hat zur Geruchsaufnahme. Seien Sie nicht enttäuscht, wenn der Hund Ihnen den Kellner oder die Kellnerin anzeigt. Schließlich ist deren Geruch ja auch am Glas.

Eine gute Vorübung in dieser Richtung ist, dass der Hund einen Geruchsstoff bekommt, der von zwei Personen gehalten wurde, wovon eine Person jedoch direkt anwesend ist. So lernt der Hund abzuchecken, dass diese eine Person nicht gesucht zu werden braucht. Sie ist ja da. Aber die andere fehlt, deren Geruch auch an dem Gegenstand ist und das ist die, die gesucht werden soll.

Sie können Geruch auch »einpacken« und mitnehmen, falls Sie ihn unterwegs noch mal brauchen. Für diesen Zweck sollten Sie wieder möglichst Einmalhandschuhe tragen. Natürlich wird der Hund auch schnell herausfinden, dass er Sie ja nicht suchen soll. Je nachdem, wie viel Geruch an der Geruchsquelle vorhanden ist, sollten wir das jedoch nicht noch zusätzlich durch unseren Geruch überschatten. Mit den Einmalhandschuhen nehmen Sie sich eine sterile Gazebinde, wie es sie für den Verbandskasten gibt. Damit wischen Sie über die Geruchsquelle, eben z. B. das Bierglas – von außen, versteht sich! Die Gaze kommt in die Tüte und schon haben Sie den Geruch transportgeeignet verpackt. Auf diese Art und Weise können Sie experimentieren und

Biergartenstuhl zur Geruchsaufnahme.

von allen möglichen Oberflächen Geruch aufnehmen. Sollten mehrere Gerüche vorhanden sein, sollten möglichst die Personen, die nicht gesucht werden sollen, anwesend sein. Wir wollen den Hund schließlich nicht verwirren, sondern nur immer flexibler mit unserem Geruchsstoff werden. Denn auch hier ist es so faszinierend, zu welch zunächst unvorstellbaren Leistungen unsere Hunde in der Lage sind.

In den meisten Fällen scheitert es nur an der Kommunikation. Ist sich der Mensch darüber jedoch im Klaren und baut die Übungen für den Hund verständlich auf, indem er eben auch auf seine Reaktionen eingeht, und verfügt er über ein umfangreiches Wissen über das normale Verhalten und das Lernverhalten der Hunde, können beide als Team wirklich oft Erstaunliches leisten.

Mit all diesen hier genannten Übungen können Sie Ihren Hund sehr schön beschäftigen. Ob Sie das nun machen, um es einmal anderen Menschen zu zeigen, oder nur zu Ihrer eigenen Freude (und der des Hundes natürlich), bleibt Ihnen überlassen. Bedenken Sie aber, dass solche Riechübungen für den Hund sehr anstrengend sind. Ein Hund der zehn Minuten intensiv geschnüffelt hat, ist bestimmt genauso ausgelastet wie ein Hund, der zwanzig Minuten stramm neben dem Fahrrad herläuft. Das ist ein schöner Vorteil der Nasenspiele: Sie können mit relativ wenig Aufwand den Hund gut auslasten.

Wir hoffen, wir konnten Ihnen hier ein wenig Geschmack machen auf eine sehr schöne Beschäftigung mit dem Hund, die vor allem für solche Leute geeignet ist, die bereit sind, auch von ihrem Hund zu lernen, und die sich nicht einbilden, sie müssten ihrem Hund das Riechen beibringen! Das sollte keine Anleitung zu einem ernsthaften Suchen wie zum Beispiel in der Rettungshundearbeit sein. Eine Hundetrainerkollegin nannte es eher »Mantrailing light«. Zur Rettungshundearbeit ist noch einiges mehr an Spezialwissen notwendig, was eben den einzelnen Rettungshundeorganisationen oder der Polizei vorbehalten sein sollte.

Aber fast jeder Hund schnüffelt sehr gerne und kann wirklich Erstaunliches leisten. Außer einer sehr sinnvollen Beschäftigung hat man damit etwas, was die Bindung zum Hund in starkem Maße fördert und die gute Verständigung, die man erreicht, wird sich auch auf andere Bereiche des Zusammenlebens auswirken. In diesem Sinne: Viel Spaß beim Schnüffeln!

Forschungsaufgaben

Die Nasenspiele sind eine sehr spannende Sache. Wir finden es immer wieder faszinierend, was die Hunde so alles können. Außerdem ist es ja ein recht neues Beschäftigungsfeld, das sich hier so nach und nach für die Hunde erschließt. In unseren Kursen sagen wir den Leuten deswegen auch immer wieder: »Im Prinzip seit Ihr alle Pioniere auf diesem Gebiet.« Das gilt natürlich auch für die Leser, die ihrem Hund die unterschiedlichen Aufgaben beibringen. Wir wären sehr interessiert daran, Rückmeldung zu bekommen, um aus einer größeren Anzahl von Erfahrungen Daten über die Leistungsfähigkeit der Hunde sammeln zu können. Es wäre schön, wenn Sie uns dabei unterstützen würden. Im Folgenden finden Sie unterschiedliche Fragestellungen. Wenn Sie die jeweilige Aufgabe mit Ihrem Hund trainiert haben, können Sie uns vielleicht ein Ergebnis liefern.

1. Wie lange darf ein verlorener Gegenstand bei der Verlorensuche im Gelände liegen, damit er von dem Hund noch wahrgenommen wird?
2. Hat Ihr Hund bei der Verlorensuche verknüpft »Zeige mir alles, was nach Mensch riecht« oder »Zeige mir alles, was nicht hierhin gehört«? Sie können das testen, indem Sie in Ihrer Wohnung den Gegenstand einer fremden Person suchen lassen. Wenn das klappt, lassen Sie ihn in einer fremden Wohnung den Gegenstand einer dritten Person suchen.
3. Wie verdünnt riecht Ihr Hund einen bestimmten Stoff noch?
4. Wie viele Personen kann Ihr Hund nach Namen unterscheiden?
5. Wie leicht oder wie schwer versteht Ihr Hund geruchliche Kommandos? In welcher Reihenfolge würden Sie Sichtzeichen, Wortkommandos und Geruchkommandos einordnen?

Sollten Sie also Spaß am Forschen haben und Ihre Ergebnisse mit uns teilen wollen, finden Sie unsere Adresse hinten im Anhang. Wir hoffen, dass wir Sie mit diesen Aufgaben ein wenig dazu begeistern können, von unseren Hunden zu lernen. Ist es nicht sogar das Faszinierende einer Partnerschaft, dass man gegenseitig voneinander lernen kann? Gerade die Nasenspiele zeigen so deutlich, dass bei weitem nicht immer wir es sind, die den Hunden etwas beibringen. Es funktioniert auch in der anderen Richtung! Natürlich nur, wenn man dem gegenüber aufgeschlossen ist.

In diesem Sinne: Viel Spaß beim Lernen!

Bella – der Helferhund für Diabetiker / Ein Schnüffel-Fallbeispiel

Vor rund zwei Jahren erhielt ich eine E-Mail, in der mich Dr. Anna Sophie Müller um Hilfe bat. Sie würde ihren Hund gerne zu einem Helferhund für einen Diabetiker ausbilden, weil ihr Mann an dieser Krankheit litt. Bisher hatten ihre Recherchen ergeben, dass eine solche Ausbildung zum einen extrem teuer ist, zum anderen angeblich sehr speziell, weil nur 1 % der Hunde dafür geeignet sein sollten. Im Kern ist es aber eine Schnüffelaufgabe wie alle anderen auch. Der Geruchsstoff ist nicht ganz so leicht zu bekommen, aber ansonsten ist es nichts Besonderes. Jeder Hund, der riechen kann, kann diese Aufgabe lernen. So verabredeten wir uns zu einem Treffen. Bella lernte ein Kleidungsstück anzuzeigen, dass Herr Dr. Müller im Unterzucker getragen hatte. Mit diesem Kleidungsstück wurde genauso trainiert wie bei »Der Hund sucht einen Geruchsstoff« (s. S. 52) beschrieben. Als Nächstes lernte Bella die Anzeige bei ihrem Menschen. Natürlich gehören noch andere Aufgaben dazu, wie z. B. ein Päckchen mit Zucker oder ein süßes Getränk zu bringen, eine andere Person um Hilfe zu rufen oder einen Notrufknopf zu betätigen. Später im Laufe der Ausbildung wurde das Kleidungsstück in mehreren Trainingschritten durch »echten« Unterzucker ersetzt.

Bella hat sich inzwischen als sogenannter »Hypohund« unentbehrlich gemacht und ist Herrn Dr. Müller eine wichtige Hilfe. »Diabetiker zu sein heißt, jeden Moment im Alltag darauf aufmerksam zu sein, was in dem eigenen Körper passiert. Mit einer guten Selbstwahrnehmung merkt man, wenn der Blutzuckerspiegel in gefährliche Zonen abrutscht, aber mit zunehmenden Jahren schleift sich die Selbstwahrnehmung ab und man reagiert u. U. viel zu spät. Genau hier hilft Bella. Sie bemerkt sehr frühzeitig, zeigt mit Pfotenschlag an und bringt dann etwas Süßes. Diese Fähigkeit bringt uns im Alltag sehr viel Sicherheit und verschafft uns eine erhebliche psychologische Entlastung.«

Inzwischen haben Bellas Besitzer eine Schulung für Hypohunde entwickelt, damit noch viel mehr Betroffene durch die gute Nasenleistung der Hunde eine so sinnvolle Unterstützung bekommen können (Kontaktdaten s. S. 228). Mich freut es, weil dieses Beispiel sehr schön zeigt, dass die Nasenleistung des Hundes nichts Mysteriöses ist. Versteht man das Training, kann man sich diese erstaunliche Fähigkeit in vielen Bereichen zunutze machen. Die dafür nötigen Grundlagen sind alle in diesem Buch beschrieben. Viviane Theby

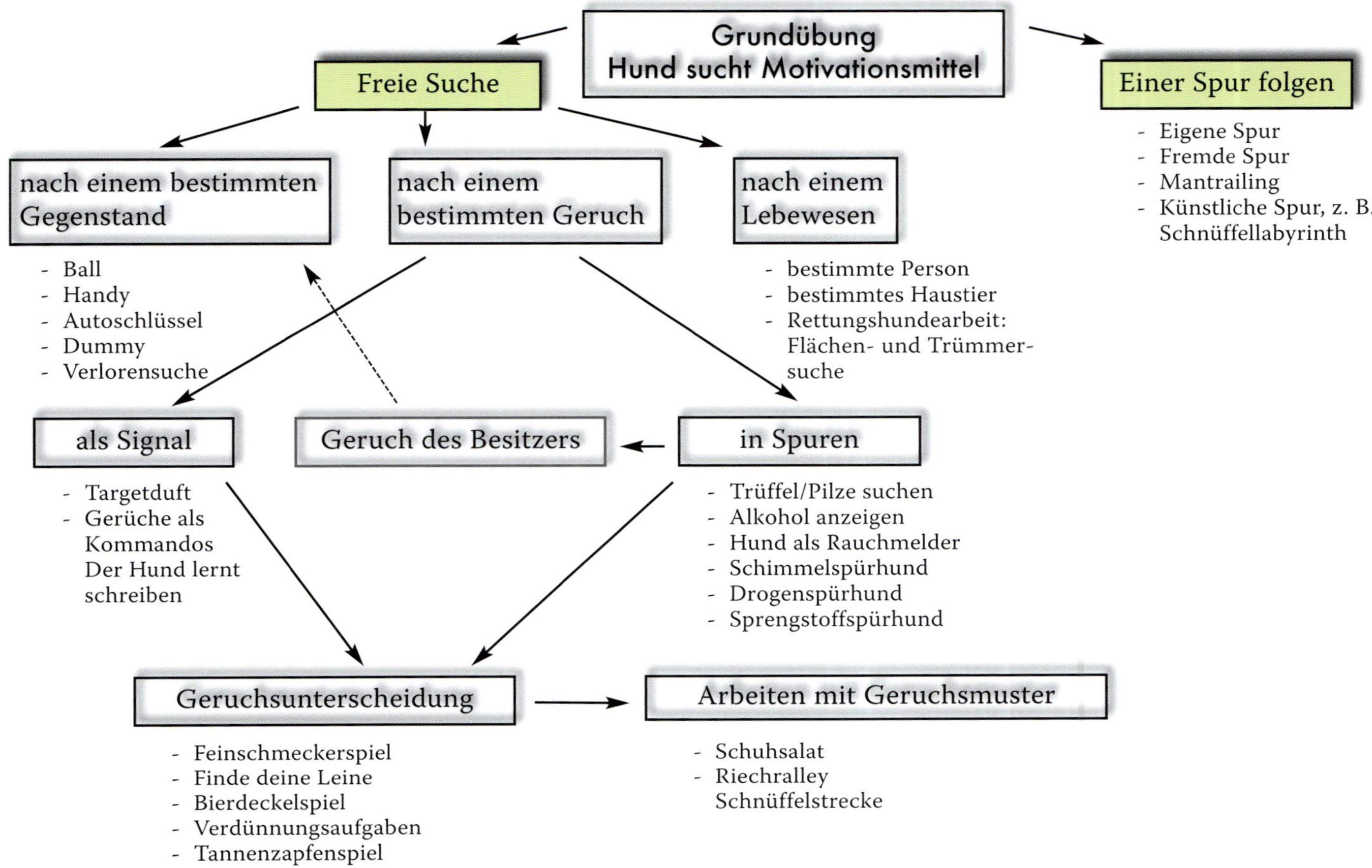
Grundübung
Hund sucht Motivationsmittel
Freie Suche
Einer Spur folgen
- Eigene Spur
- Fremde Spur
- Mantrailing
- Künstliche Spur, z. B. Schnüffellabyrinth
nach einem bestimmten Gegenstand
- Ball
- Handy
- Autoschlüssel
- Dummy
- Verlorensuche
nach einem bestimmten Geruch
nach einem Lebewesen
- bestimmte Person
- bestimmtes Haustier
- Rettungshundearbeit: Flächen- und Trümmersuche
als Signal
- Targetduft
- Gerüche als Kommandos
Der Hund lernt schreiben
Geruch des Besitzers
in Spuren
- Trüffel/Pilze suchen
- Alkohol anzeigen
- Hund als Rauchmelder
- Schimmelspürhund
- Drogenspürhund
- Sprengstoffspürhund
Geruchsunterscheidung
- Feinschmeckerspiel
- Finde deine Leine
- Bierdeckelspiel
- Verdünnungsaufgaben
- Tannenzapfenspiel
Arbeiten mit Geruchsmuster
- Schuhsalat
- Riechralley
Schnüffelstrecke

Literaturhinweise und Adressen

Literaturhinweise

Frank Rosell, 2017
Die Welt der Gerüche. Spezial-Spürhunde im Einsatz.
Dieses Buch gibt einen schönen Überblick über die faszinierenden Möglichkeiten, wozu man Spürhunde alles ausbilden und einsetzen kann.

William G. Syrotuck, 2000
Scent and the Scenting Dog, Barkleigh Productions
Der Autor setzt sich intensiv mit der Entstehung des Geruchs auseinander.

Lue Button, 1990
Practical Scent Dog Training, Alpine Publications, Colorado
Die Autorin zeigt schön, wie die einzelnen Schritte im Trainingsaufbau zu den unterschiedlichen Sucharten mit dem Hund aussehen könnten.

Deborah A. Jones Ph. D., 2001
Click 'n' Sniff, Howln Moon Press, USA
Hier wird vorgestellt, wie man den Klicker zum Geruchsunterscheidungstraining einsetzen kann.

Viviane Theby, 2010
Hundeschule
In diesem Buch geht es um Lerntheorien, die hinter der Ausbildung eines Hundes stecken, und die jedem Hundehalter als Grundlagen für die Ausbildung bekannt sein sollten.

Alexandra Horowitz, 2017.
Hund-Nase-Mensch. Wie der Geruchssinn unser Leben beeinflusst.
Die Autorin beschreibt nicht nur die Nasenleistungen des Hundes und wie Geruch entsteht, sondern setzt sich auch damit auseinander, wie es eigentlich um unseren eigenen Geruchssinn bestellt ist und wie wir ihn wieder trainieren können.

Adressen

Bezugsadresse für Holzhütchen mit Loch und andere intelligente Hundespielzeuge:
Pet-pillow
Stettener Str. 42
D - 73732 Esslingen
www.pet-pillow.de

Ihr Ansprechpartner auf der Suche nach einer guten Hundeschule in Ihrer Nähe:
Berufsverband der Hundeausbilder und Verhaltensberater e.V. (BHV)
Geschäftsstelle
Alt Langenhain 22
65719 Hofheim
www.hundeschulen.de

Tierärzte, die sich auf Verhaltenstherapie spezialisiert haben:
Gesellschaft für Tierverhaltenstherapie (GTVMT)
Hohensasel 16
D - 22395 Hamburg
www.gtvmt.de

Seminare zum Thema Schnüffeln und vieles andere:
Tierakademie Scheuerhof GdbR
Viviane Theby, Michaela Hares und Lisa Peitz
D - 54516 Wittlich-Bombogen
www.tierakademie.de